Lucas Costa de Souza Cavalcanti

cartografia de paisagens
fundamentos

2ª edição | revista e atualizada

oficina de textos

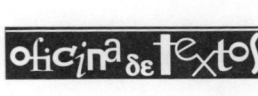

Copyright © 2014 Oficina de Textos
2ª edição 2018

Grafia atualizada conforme o Acordo Ortográfico da Língua Portuguesa de 1990, em vigor no Brasil desde 2009.

CONSELHO EDITORIAL Arthur Pinto Chaves; Cylon Gonçalves da Silva;
Doris C. C. K. Kowaltowski; José Galizia Tundisi;
Luis Enrique Sánchez; Paulo Helene;
Rozely Ferreira dos Santos; Teresa Gallotti Florenzano

Capa MALU VALLIM
Projeto gráfico MALU VALLIM
Preparação de figuras e diagramação MARIA LÚCIA RIGON, VINÍCIUS ARAUJO
Preparação de texto HÉLIO HIDEKI IRAHA
Revisão de texto MARIA ROSA CARNICELLI KUSHNIR, RENATA DE ANDRADE SANGEON
Impressão e acabamento BMF Gráfica e Editora

Dados Internacionais de Catalogação na Publicação (CIP)
(Câmara Brasileira do Livro, SP, Brasil)

Cavalcanti, Lucas Costa de Souza
　Cartografia de paisagens : fundamentos /
Lucas Costa de Souza Cavalcanti. -- 2. ed. rev. e
atual.. -- São Paulo : Oficina de Textos, 2018.

　Bibliografia.
　ISBN 978-85-7975-292-6

　1. Cartografia 2. Paisagem - Cartografia
I. Título.

18-17371　　　　　　　　　　　　　　　　　　　　　CDD-526

Índices para catálogo sistemático:
1. Cartografia de paisagens 526
　　　　Cibele Maria Dias - Bibliotecária - CRB-8/9427

Todos os direitos reservados à OFICINA DE TEXTOS
Rua Cubatão, 798　CEP 04013-003　São Paulo-SP – Brasil
tel. (11) 3085 7933
www.ofitexto.com.br
atend@ofitexto.com.br

# Prefácio

A paisagem, como categoria de estudo, tem sido trabalhada por geógrafos, arquitetos paisagistas, ecologistas, biólogos e outros cientistas. Além disso, tem sido objeto de pintores, fotógrafos, escritores, cineastas e até filósofos. Este livro traz uma abordagem geográfica do conceito de paisagem, com ênfase principalmente no suporte que ela oferece à cartografia de síntese para estudos de ordenamento ambiental.

Os estudos ambientais carecem de fundamentação cartográfica, sobretudo com vistas ao suporte de atividades de planejamento e gestão do ambiente. Um dos principais produtos que pode ser desenvolvido para a satisfação dessas demandas é a carta de síntese dos compartimentos ambientais ou carta de paisagens.

A Cartografia de Paisagens, que é uma atividade de caráter físico-geográfico, está preocupada com a representação de complexos naturais, também chamados de geossistemas, que compreendem áreas naturais resultantes da interação entre os componentes da natureza (relevo, solos e biota, entre outros), influenciados em maior ou menor grau pela sociedade e pelos ciclos astronômicos da Terra.

Por fornecer uma visão integrada dos elementos e processos do ambiente, a Cartografia de Paisagens é de extrema importância para o planejamento ambiental. No Brasil, o Decreto-lei nº 4.297/02, em seu Artigo 13º, inciso I, indica como produto básico do diagnóstico de recursos naturais as "Unidades dos Sistemas Ambientais, definidas a partir da integração entre os componentes da natureza" e que constituem o elemento inicial para a composição de um zoneamento ecológico-econômico.

Do ponto de vista epistemológico, a Cartografia de Paisagens é uma área da Cartografia Ambiental que constitui uma interface entre a Cartografia Temática e a Geografia Física Integrada. Outros nomes utilizados são Mapeamento de Geossistemas, Cartografia Geomorfológica Sintética e Cartografia Geoambiental, entre outros. Essa atividade surgiu de uma necessidade intrínseca da sociedade em conhecer e distinguir áreas cuja configuração e funcionamento dos processos naturais são os mesmos.

Pela sua própria natureza, a Cartografia de Paisagens é uma atividade ligada à Geografia, uma vez que sua execução necessita de uma série de conhecimentos distintos que encontram na Geografia física seus principais subsídios, a exemplo da morfologia dos solos, do inventário florestal e do mapeamento geomorfológico.

O reconhecimento da diversidade paisagística desempenha um papel fundamental para o planejamento do território, pois subsidia decisões pautadas no conhecimento da diversidade de ambientes que ocorrem numa determinada área. Dessa forma, é um conhecimento importante não apenas para geógrafos e ecologistas, mas também para biólogos, geólogos, gestores e administradores, advogados, políticos e planejadores. Além disso, destaca-se que a divulgação desse conhecimento torna-se uma tarefa básica para os professores de Geografia.

Nesta segunda edição, optou-se por enxugar a quantidade de conceitos da versão anterior, explorando melhor as ideias principais. Buscou-se uma maior coesão textual e um maior detalhamento das práticas de descrição e representação.

O texto está organizado em quatro capítulos. O primeiro deles apresenta ao leitor o conceito de paisagem como trabalhado pela Geografia; o segundo expõe quatro princípios para a cartografia de paisagens; o terceiro detalha as ferramentas metodológicas de representação; e o quarto e último especifica os procedimentos de descrição das paisagens no campo.

Ao final, espera-se que esta pequena contribuição continue rendendo bons frutos e possa ser útil para pesquisadores dos diferentes domínios de natureza de nosso país.

O autor

Sumário

1 O que é uma paisagem? 9
    1.1 Paisagem, natureza e cultura 13
    1.2 Paisagens: origem, funcionamento e mudança 16

2 Princípios metodológicos 21
    2.1 Princípio da síntese natural 21
    2.2 Princípio hierárquico 23
    2.3 Princípio regional-tipológico 27
    2.4 Princípio temporal 30

3 Diferenciação e representação 35
    3.1 Elementos de diferenciação 35
    3.2 Ferramentas metodológicas 44

4 Descrições de campo 61
    4.1 Potencial natural 65
    4.2 Atividade biológica 72
    4.3 Apropriação cultural 91

Referências bibliográficas 93

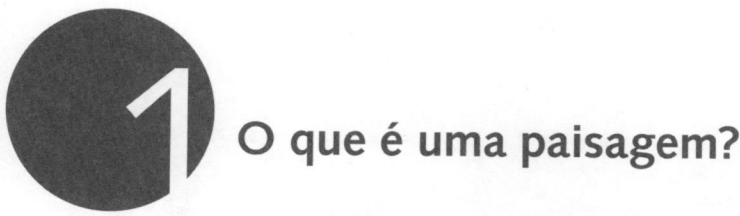
O que é uma paisagem?

A palavra *paisagem* tem um lugar bastante especial na Geografia brasileira. Nos Parâmetros Curriculares Nacionais da área de Geografia, é mencionada 232 vezes no singular, no plural ou como adjetivo (paisagístico). No documento que apresenta essa área para o ensino fundamental, é usada 162 vezes. Trata-se de uma importante categoria de análise da Geografia, mas qual é mesmo seu significado nessa disciplina?

Santos (2008, p. 67-68) define paisagem da seguinte maneira:

> Tudo o que nós vemos, o que a nossa visão alcança, é a paisagem. Esta pode ser definida como o domínio do visível, aquilo que a vista abarca. É formada não apenas de volumes, mas também de cores, movimentos, odores, sons etc.

Seguindo essa linha teórica, a paisagem abrange uma dimensão basicamente visual e, portanto, ligada à percepção. É desse modo que a paisagem é vista também pelo paisagismo, pela pintura e pela fotografia. A própria tentativa de valorização da estética paisagística, como no caso do Jardim Botânico de Curitiba (Fig. 1.1), surge da concepção de paisagem como *aquilo que a vista alcança*.

Contudo, essa não é a única linha teórica que define o conceito de paisagem na Geografia. Rodriguez, Silva e Cavalcanti (2004, p. 18) afirmam que uma paisagem "é definida como um conjunto inter-relacionado de formações naturais e antroponaturais" e que possui, além de uma estrutura (forma e arranjo espacial), um conteúdo dinâmico e evolutivo. Esses autores ainda definem paisagem natural

10 cartografia de paisagens

Fig. 1.1 *Jardim Botânico de Curitiba: paisagem pensada pelo arquiteto Abrão Assad*

como sinônimo de geossistema, que é uma categoria de sistemas abertos, dinâmicos e hierarquicamente organizados (Sochava, 1977).

No exemplo da Fig. 1.2, a borda leste da bacia sedimentar do Jatobá, no Parque Nacional do Catimbau (PNC), em Pernambuco, reúne um conjunto de morros-testemunhos que surgiram em decorrência da dissecação do arenito Tacaratu. O clima semiárido do sertão pernambucano, associado a um determinado regime de

Fig. 1.2 *Morros-testemunhos do Parque Nacional do Catimbau (PE): o arranjo espacial único é resultado da história das interações entre os processos geoecológicos na borda leste da bacia sedimentar do Jatobá*

1 o que é uma paisagem? 11

uso da terra, fez surgir um arranjo espacial único, com implicações geomorfológicas, pedológicas e ecológicas particulares, e é nesse sentido que os geógrafos russos e da antiga União Soviética apontavam as paisagens como *indivíduos geográficos*.

Percebe-se uma diferença entre as conceituações de Santos (2008) e de Rodriguez, Silva e Cavalcanti (2004). Enquanto, para aquele, a paisagem é uma aparência, para estes ela possui um conteúdo dinâmico, geoecológico e cultural. Qual dessas definições está correta? Ou ambas estão?

Essas diferentes concepções resultam de tradições distintas do pensamento geográfico, que compõem sistemas teóricos diferenciados, razão pela qual é difícil dizer qual delas está certa, a menos que se proceda a uma abordagem historiográfica, buscando-se as raízes conceituais. Nesse sentido, Barros (2006), ao comentar as relações entre os termos "paisagem" e "região" na história da Geografia, aponta um caminho quando verifica que não raras vezes os termos permutaram significado.

Isso fica mais claro quando Varenius (1712) define suas regiões da Terra (*regionum Telluris*) como sendo caracterizadas por propriedades específicas de uma determinada porção de nosso planeta. Ao mesmo tempo, é bem entendido quando se toma conhecimento da afirmação de Besse (2006), para o qual o termo *landschaft* (equivalente em alemão do termo paisagem) era usado na antiga Alemanha para indicar uma área que se diferenciava pelo conjunto de suas características.

A concepção estética de paisagem ganhou vulto por meio da pintura, sobretudo no Renascimento europeu, tendo sido por meio dela que se divulgou a ideia da paisagem como "aquilo que a vista alcança". Besse (2006) destaca o trabalho de Pieter Bruegel, renomado pintor holandês, que transmitiu uma concepção essencialmente estética da paisagem (Fig. 1.3).

Esse autor ainda destaca que a concepção pitoresca de paisagem era parte, mas não o todo, da dimensão que esse conceito tinha

Fig. 1.3 Caçadores na neve (1565), de Pieter Bruegel, é um exemplo da valorização da paisagem pelo Renascimento cultural europeu do século XVI
Fonte: <http://www.google.com/culturalinstitute/asset-viewer/hunters-in-the-snow-winter/WgFmzFNNN74nUg>. Acesso em: 3 jun. 2014.

dentro da Geografia. Vale mencionar as conceituações de paisagem de Humboldt e La Blache, que a tratavam não apenas como um elemento estético, mas como um complexo cuja aparência era apenas um componente. Além deles, o influente geógrafo estadunidense Carl O. Sauer já partilhava, em 1925, dessa concepção quando escreveu seu clássico artigo "The morphology of landscape" (Sauer, 2006).

É desse modo que surge o conceito de morfologia da paisagem como estudo da composição, forma e arranjo espacial das paisagens, associado às ideias de dinâmica e evolução das paisagens. Essa concepção teve amplo desenvolvimento na Geografia russo-soviética, bem como na Alemanha Oriental, China, Japão e países influenciados pela antiga União Soviética (Rodriguez; Silva; Cavalcanti, 2004; Cavalcanti, 2010; Cavalcanti; Corrêa; Araújo Filho, 2010).

Nesse contexto, uma paisagem pode ser definida como uma entidade ou fenômeno holístico e dinâmico com uma trajetória única, que se materializa numa área que é percebida e, desse modo, relacionada com o observador em termos de entendimento e valorização (Antrop, 2000).

Assim, pode-se afirmar que a paisagem como simples elemento estético, definida puramente como aquilo que a vista alcança, tem sentido muito mais pitoresco e artístico do que geográfico e científico. Na Geografia, a paisagem vai além do estético e do perceptivo, é *também* fenômeno geoecológico e cultural.

1.1 PAISAGEM, NATUREZA E CULTURA

Quando se fala em paisagem, é comum utilizar adjetivos, dos quais os mais clássicos são *paisagens naturais* e *paisagens culturais*. Originalmente, ambas as expressões eram utilizadas com o sentido de refletir o grau de alteração de uma paisagem em função da atividade humana (Sauer, 2006).

Desse modo, paisagem natural é aquela em que a atividade humana é incipiente ou mesmo inexistente, estando seu funcionamento associado predominantemente ao ritmo natural, ecológico. Por sua vez, paisagem cultural é aquela altamente transformada pelo homem, sendo dominante a presença de elementos culturais, como ocorre na região da Igreja do Salvador no Sangue, em São Petersburgo, na Rússia (Fig. 1.4).

Entretanto, por mais natural que uma paisagem seja, ela apresenta elementos essencialmente culturais, na medida em que toda a superfície da Terra já se encontra apropriada pelo homem em termos físicos, políticos ou culturais. Um bom exemplo são as Unidades de Conservação (UC), pois são áreas politicamente protegidas com o objetivo, em geral, de resguardar o patrimônio natural (Fig. 1.5).

Por sua vez, toda paisagem cultural possui um ritmo de funcionamento geoecológico, sujeita que é às leis da Física e a condi-

14 cartografia de paisagens

Fig. 1.4 *A Igreja do Salvador no Sangue, em São Petersburgo, na Rússia, foi construída em 1882 para abrigar o túmulo do czar Alexander II, assassinado em 1881, e marca o estilo clássico neorrusso com influência bizantina, característica do cristianismo ortodoxo. Foi erguida sobre o terraço do canal de Griboedov (à esquerda da figura) e divide espaço com as espécies vegetais típicas do clima temperado que compõem os jardins de Mikhailovsky (à direita)*

Fig. 1.5 *Parque Nacional Pan de Azúcar, na região do Atacama, no Chile: à esquerda (A), a paisagem natural dominada por cactáceas; à direita (B), uma placa explicativa das espécies de cacto (Columna-alba)*

cionantes naturais como clima, geologia, geomorfologia e biota. O exemplo da região da Igreja do Salvador no Sangue também pode ser utilizado nesse caso: há o canal (retificado), o terraço (pavimentado), a vegetação (remanejada em um jardim) e o clima temperado de São Petersburgo.

Note-se que as cidades (que, segundo Miranda, Gomes e Guimarães (2005), ocupam apenas 0,25% do território brasileiro), por mais urbanizadas que sejam, não estão imunes a eventos extremos, como grandes inundações, deslizamentos, poluição e aquecimento global (antropogênico ou não). Além disso, elas possuem sua própria fauna e flora, mesclando elementos típicos do bioma em que se inserem com aqueles acrescentados pela sociedade.

As paisagens são entidades geoecológicas, no sentido de que constituem um objeto com dimensão definida na superfície terrestre e possuem ritmo e desenvolvimento dependentes das leis da Física. Essas características dependem da dinâmica interna e externa do planeta, bem como dos movimentos orbitais e das relações cósmicas ao longo do tempo geológico. Contudo, as paisagens podem ser (e são) humanizadas por diferentes conjuntos culturais ao longo da história, o que lhes confere um novo caráter sem excluir sua dependência das leis da Física. Esse novo caráter, cultural, possui manifestações materiais e imateriais e afeta o funcionamento geoecológico e as decisões sobre seu destino.

Como indivíduos geográficos, as paisagens agregam elementos e processos com diferentes naturezas, dimensões e durações que, relacionando-se numa determinada área da superfície terrestre, dão origem a uma unidade visível. Essa unidade visível provoca e se relaciona com o espírito humano, tornando-se sujeita às ações e decisões dos indivíduos e da sociedade conforme seus interesses variados.

Nesse sentido geográfico, as paisagens são unidades geoecológicas resultantes da interação complexa de processos naturais e culturais. Elas podem se originar, existir e desaparecer sem a interferência humana, mas sua representação não é independente da cultura. Desse modo, a sociedade cria discursos sobre a paisagem, que podem ser utilizados de modos diversos para propósitos variados (sobre isso, *vide* o trabalho de Maciel (2012) sobre as diferentes retóricas existentes sobre a paisagem do semiárido brasileiro).

Nesse contexto, a sociedade busca sua realização tentando adequar seus interesses aos recursos disponíveis na paisagem. Muitas vezes essa relação é conflitante, gerando consequências indesejadas, e daí a importância da Cartografia como ferramenta de suporte à decisão sobre o uso das paisagens.

1.2 AS CAMADAS DA PAISAGEM

As paisagens apresentam grande variedade ao longo da superfície terrestre, o que ocorre em função de diversos fatores de diferenciação (clima, tectônica, relevo etc.). Elas também variam ao longo do tempo.

No exemplo da Fig. 1.2, viu-se a paisagem dissecada da borda da bacia sedimentar do Jatobá, que levou milhões de anos para ser esculpida. O arenito que dá estrutura a ela recobria grande parte do Nordeste brasileiro e foi muito erodido após a abertura do Oceano Atlântico.

Essa área se manteve relativamente preservada da longa erosão por estar, em parte, aprisionada numa estrutura tectônica de afundamento denominada aulacógeno, que se formou durante o processo de separação continental e abertura oceânica.

Além dos testemunhos sedimentares, a paisagem da Fig. 1.2 ainda se insere no contexto climático quente e semiárido que condiciona a formação de um relevo aplainado com encostas côncavas (com pouco sedimento acumulado), geralmente apresentando escarpas. Esse ambiente, estruturado sobre um arenito, origina solos arenosos profundos que, combinando-se com o clima, provocam grande estresse hídrico sobre a vegetação, favorecendo epécies xerófilas com diversas estratégias de armazenamento de água.

O contraste altimétrico dos paredões de arenito, aliado à presença de um granito subjacente, induz o acúmulo de água no sopé dos escarpamentos, o que ocasiona um ambiente favorável a estabelecimentos humanos. Não é de estranhar que a área guarde alguns dos maiores paredões de pintura rupestre do Brasil, elaborada por aborígenes que outrora inseriram elementos exóticos à flora local, como o babaçu, conforme sugerido por Nascimento (2008).

A beleza cênica do lugar ainda teve influência na criação de uma sociedade teocrática alternativa, organizada por um líder espiritual que ficou conhecido localmente como Meu Rei. Foi ainda essa beleza estética, aliada a seus aspectos florísticos e arqueológicos, que levou o governo brasileiro a criar, como forma de preservar a área, o Parque Nacional do Catimbau (PE).

Independentemente de se tratar de paisagem ou paleopaisagem, o que se pode apreender é que essas unidades geoecológicas e culturais são formadas por três camadas (Fig. 1.6): uma física, outra biológica e uma terceira de ordem cultural/social.

A camada física pode ser chamada de *potencial natural* e inclui o conjunto da estrutura e trajetória dos processos tectônicos e climáticos e a influência destes sobre a diversidade das formas de relevo e os regimes de drenagem superficial e subterrânea.

18 cartografia de paisagens

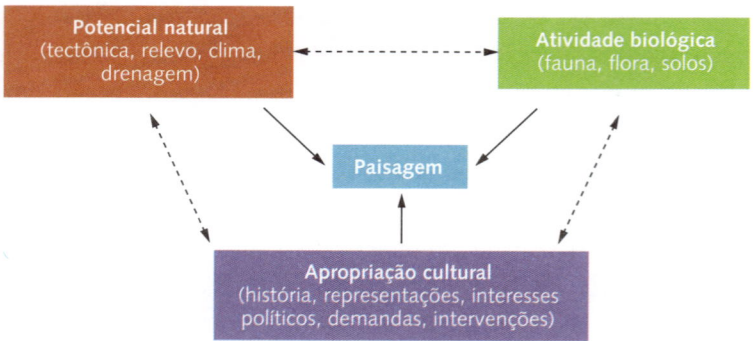

Fig. 1.6 *Conjunto dos elementos que compõem uma paisagem*
Fonte: modificado de Bertrand (1968).

A segunda camada é constituída pela *atividade biológica* que se desenvolve sobre um potencial natural. Esse potencial vai condicionar ou limitar a história biogeográfica, bem como o arranjo ecológico da fauna e da flora e o produto de sua interação com o substrato na formação dos solos.

Por último, a *apropriação cultural* inclui a história humana, enquanto história de suas representações sociais, interesses políticos, demandas econômicas e sua intervenção a partir de obras de engenharia e atividades diversas.

Logo, o estudo da paisagem demanda o reconhecimento de seu potencial natural, de sua atividade biológica e também de sua apropriação cultural. Para a cartografia de paisagens, contudo, interessa primariamente a *fisionomia das camadas*, isto é, seu aspecto visível, e secundariamente seu funcionamento e desenvolvimento, que são estudados por meio de outras técnicas não abordadas aqui.

Os aspectos essenciais deste capítulo podem ser sumarizados como segue:
- a paisagem é sempre um conjunto;
- toda paisagem possui dimensões naturais e culturais;
- a paisagem pode ser lida pelo exame de seu potencial natural, atividade biológica e apropriação cultural;

- a fisionomia da paisagem é o que se vê do potencial natural, atividade biológica e apropriação cultural;
- a cartografia de paisagens consiste no mapeamento da fisionomia da paisagem.

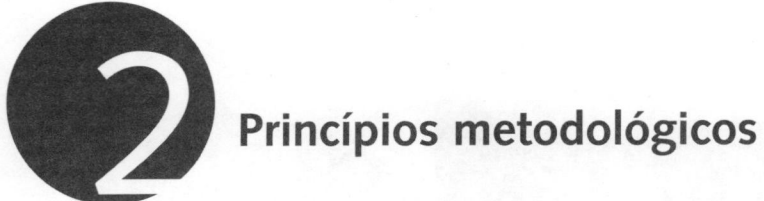

Princípios metodológicos

Para a cartografia e a representação da fisionomia das paisagens, é importante não esquecer as camadas mencionadas no capítulo anterior (potencial natural, atividade biológica e apropriação cultural). Além disso, é necessário assumir alguns princípios metodológicos, descritos a seguir.

2.1 PRINCÍPIO DA SÍNTESE NATURAL

Esse princípio remonta à *Naturgemälde* de Humboldt e afirma que o universo pode ser compreendido e representado como um todo constituído por partes interatuantes. Nesse sentido, a diferenciação de paisagens pressupõe a utilização de um raciocínio sintético. Assim, os diferentes elementos componentes (clima, formas de relevo, litotipo, drenagem, vegetação, solos, uso da terra) devem ser avaliados conjuntamente.

No Brasil, a tentativa mais frutífera de diferenciação das paisagens foi realizada pelo geógrafo Aziz Nacib Ab'Sáber. Em sua proposta teórica, as paisagens, trabalhadas de um ponto de vista geográfico e ecológico, correspondem a conjuntos em que se repetem padrões climáticos, geológicos, geomorfológicos, pedológicos e fitofisionômicos.

Com o objetivo de destrinchar a diversidade paisagística das zonas tropical e subtropical, Ab'Sáber propõe seis domínios de natureza: amazônico, cerrado, mares de morros, caatingas, araucárias e pradarias. Além disso, eles ainda são separados por faixas de transição (Fig. 2.1).

O domínio (ou macrodomínio) amazônico é marcado por terras baixas florestadas equatoriais, enquanto o bioma apre-

Fig. 2.1 *Domínios de natureza no Brasil: (A) mares de morros florestados; (B) depressões interplanálticas com caatingas; (C) planaltos subtropicais com araucárias; (D) chapadões tropicais interiores com cerrados e florestas de galeria; (E) terras baixas florestadas equatoriais; (F) coxilhas subtropicais com pradarias mistas*

Fotos: *(A) Raquel Cavalcanti; (D) Tiago H. S. Pinho; (E) Tatiany O. da Silva; (F) Sherindon/Wikipedia.org.*

senta chapadões tropicais com cerrados e florestas de galeria. Os mares de morros compreendem as áreas colinosas tropical-atlânticas florestadas, ao passo que as caatingas abrangem os limites das depressões intermontanas e interplanálticas semiáridas. O domínio das araucárias caracteriza-se por planaltos subtropicais com araucárias, e, por sua vez, o domínio das pradarias apresenta coxilhas subtropicais com pradarias mistas. Por fim, as faixas de transição compreendem áreas não diferenciadas.

Os domínios de natureza de Ab'Sáber refletem o princípio da síntese naturalista e indicam a necessidade de uma abordagem complexa, baseada na ponderação do papel de cada elemento da paisagem na composição de sua organização natural.

Outro aspecto que chamou a atenção de Ab'Sáber e permite aventar um segundo princípio metodológico, hierárquico, é que cada um dos domínios de natureza, bem como as faixas de transição, apresenta um mosaico paisagístico intradominal, marcado por diferenças internas em sua organização espacial, cada um apresentando conjuntos naturais distintos.

2.2 Princípio hierárquico

Esse princípio afirma que a organização natural das paisagens assume um arranjo hierárquico, em que unidades menores se associam para compor unidades maiores. Ao mesmo tempo, as unidades maiores fornecem um contexto, limitando os graus de liberdade para a operação de processos nas unidades menores.

Voltando ao exemplo anterior, Ab'Sáber, visando esclarecer os contrastes naturais internos de cada domínio de natureza, reconheceu pelo menos outros dois níveis de detalhamento intradominal, que denominou *famílias de ecossistemas* e *minibiomas*.

As famílias de ecossistemas compreendem unidades que participam de um domínio de natureza ou faixa de transição. As paisagens dessa categoria são associadas ao conceito de ecossistema, definido como "um espaço maior da natureza regional [...], o sistema ecológico de um lugar" (Ab'Sáber, 2006, p. 2), um mesobioma, e, mais detalhadamente, como um "sistema ecológico de um setor típico existente no entremeio de uma paisagem ecológica de certa extensividade" (Ab'Sáber, 2006, p. 2).

De modo geral, as famílias de ecossistemas ou ecorregiões são definidas como espaços intradominais, isto é, que fazem parte de um domínio de natureza, conforme referido anteriormente. Investigando a estrutura das paisagens do caso amazônico, Ab'Sáber (1989) apresenta 22 subespaços paisagísticos. De forma similar, Velloso, Sampaio e Pareyn (2001) coordenaram um estudo que resultou na identificação de oito ecorregiões para a caatinga.

Num nível de detalhamento posterior, as famílias de ecossistemas ainda apresentariam *minibiomas*, definidos, de acordo com Ab'Sáber (2006), como pequenos ecossistemas ou ainda miniecossistemas. No caso do ecossistema da planície do rio Amazonas, são destacados os "lagos e suas bordas, rios, restingas fluviais, anavilhanas, furos, igarapés e paranás-mirins" (Ab'Sáber, 2006, p. 25-26).

Numa reflexão classificatória das paisagens do semiárido brasileiro, esse autor faz o seguinte comentário:

> No que tange aos sertões do Nordeste seco – domínio tropical semiárido do Brasil –, o estudo da flora apresenta problemas bem diferentes. Ocorrendo vegetação semiaberta por grandes espaços, foi sempre mais fácil inventariar a biota vegetal. Além do fato de que os sertanejos, habitantes das caatingas, possuem conhecimentos vividos da quase totalidade das espécies vegetais ocorrentes nos mais diversos quadrantes da região. Na pesquisa científica ecossistêmica, o importante é a caracterização de cada uma das comunidades vegetais de cada padrão de caatinga, ou seja, caatinga herbácea, herbáceo-arbórea, espinhenta localizada, e múltiplos minibiomas que pontilham diferentes subespaços da caatinga. Referimo-nos às comunidades vegetais especializadas que convivem com lajedos, paredes de pontões rochosos (inselbergs), e aquelas amarradas a faixas de areia de veredas, campos

de dunas interiores e bordos semirrochosos de canyons (padrão Xingó). (Ab'Sáber, 2006, p. 3).

Em sua classificação dos ecossistemas continentais do Brasil, Ab'Sáber (1984) subdivide os domínios de natureza em três níveis hierárquicos, seguindo a proposta de Bertrand (1972). Por exemplo, para o domínio das caatingas, reconhece diferentes geossistemas subdivididos em geofácies e/ou geótopos. Um exemplo é o geossistema de caatingas com presença ou dominância de facheirais, com a geofácies das caatingas do centro-sul de Pernambuco, que podem se apresentar como geótopos, grutas de intemperismo.

Refletindo sobre a aplicabilidade desse sistema, Ab'Sáber (2006, p. 3) considera que qualquer área é válida para a pesquisa "desde que se atente para a homogeneidade aparente de espaços circundantes". Contudo, esse autor considera que

> O sítio escolhido para uma pesquisa, integrada e verticalizada, de um Ecossistema é uma tarefa prévia que pressupõe grande discernimento. Pode-se registrar a tipologia genérica do conjunto dos ecossistemas e minibiomas de um país imenso como é o Brasil, mas será sempre muito difícil realizar uma pesquisa completa sobre o sistema ecológico representativo de domínios ou biomas dotados de complexas paisagens primárias remanescentes. (Ab'Sáber, 2006, p. 2-3).

Isso leva a alguns desafios, sobretudo relacionados à modificação da cobertura vegetal original. Nesse sentido, Ab'Sáber (2006, p. 6) destaca que, "muitas vezes, os padrões de atividade humana introduziram modificações nas feições geográficas e ecológicas nos espaços herdados da natureza". Ao tecer considerações sobre os espaços rurais, os agroecossistemas são definidos por esse autor como "determinado território onde foi eliminada a vegetação primária para produzir um novo cenário biológico artificial, cujas relações entre o meio e a biota modificada lhe são particulares" (Ab'Sáber, 2006, p. 7).

No âmbito das áreas urbanizadas, Ab'Sáber (2006, p. 5) escreve: "O principal roteiro metodológico para entender a funcionalidade do Ecossistema das cidades reside nas observações sobre o metabolismo urbano", representado pelas entradas, transferências e saídas de matéria e energia. Ele sugere uma geografia dos bairros, baseada em padrões socioeconômico-culturais, como forma de compreender o mosaico funcional dos ecossistemas urbanos. Outros aspectos ressaltados são a quantidade de habitantes, o posicionamento de unidades industriais e áreas não edificadas, e os tipos e padrões de distribuição de eletricidade e água e da rede de esgoto.

Levando isso em conta, fica claro que uma das grandes dificuldades da cartografia de paisagens é conhecer exatamente a quantidade de níveis hierárquicos de uma determinada paisagem. Isso tem sido muito discutido, cabendo dizer aqui que a postura mais sensata é investigar a organização natural das paisagens antes de propor níveis a *priori* (Cavalcanti; Corrêa; Araújo Filho, 2010).

Na esteira dessa consideração, será realizado o exame de um *inselberg* típico da pequena Depressão de Fazenda Nova (PE). Essa unidade apresenta um mosaico de subunidades (Fig. 2.2) com pelo menos três níveis hierárquicos.

O exemplo da Fig. 2.3 mostra microambientes fluviais associados à dinâmica erosiva e deposicional do canal. Pensando hierarquicamente, o trecho de canal composto de uma mesma associação de microambientes constitui uma unidade superior, tal como um meandro.

O contexto das Figs. 2.2 e 2.3 permite identificar um pedimento cortado por rios efêmeros e seus microambientes. Desse pedimento ainda emergem pequenos *inselbergs* com mosaicos de ambientes rupestres e ilhas de solo.

Observando a Fig. 2.4, percebe-se que a paisagem do pedimento e seu mosaico de subunidades estão inseridos num contexto maior, o da Depressão de Fazenda Nova (paisagem 2), cercada por um

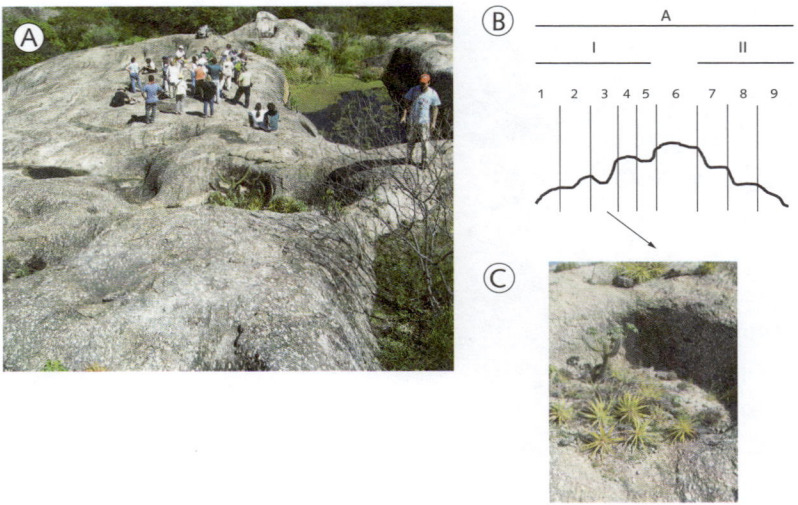

Fig. 2.2 *(A) Estrutura de um complexo local de paisagens desenvolvido em inselberg granítico em clima semiárido, (B) perfil apresentando a estrutura do complexo, dividido conforme a direção do fluxo (I e II) e suas subunidades (1 a 9), e (C) detalhe de uma micropaisagem com pedogênese incipiente e cobertura de bromélias, cactos e urtiga*

modelado de dissecação estrutural (colinas) que acompanha uma zona de cisalhamento (paisagem 1).

Esse complexo de unidades paisagísticas exemplifica como uma simples observação da paisagem expõe um verdadeiro mosaico geográfico e ecológico hierarquicamente organizado. A investigação dessa organização demanda um princípio metodológico útil, relacionado ao fato de que muitas vezes é possível distinguir unidades que, mesmo não sendo idênticas, apresentam grande similaridade fisionômica e funcional.

2.3 Princípio regional-tipológico

Esse princípio baseia-se no conhecimento da organização natural hierárquica das paisagens e afirma que, para a construção de mapas, as paisagens podem ser representadas individualmen-

28 cartografia de paisagens

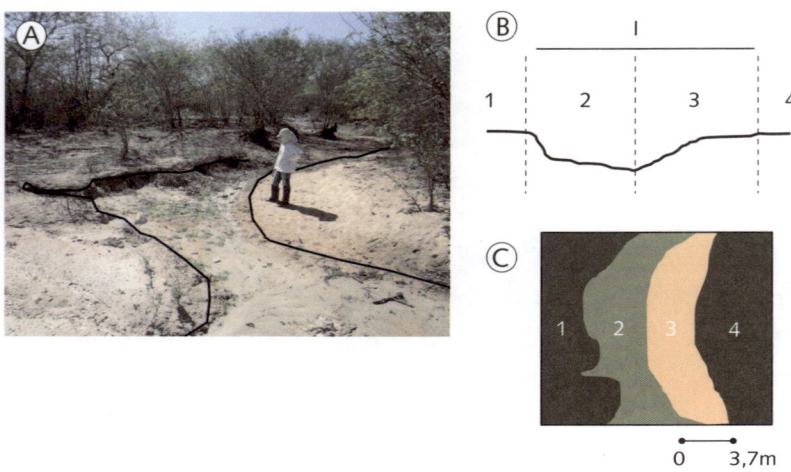

Fig. 2.3 Microambientes fluviais no semiárido: (A) ambiente fluvial semiárido; (B) paisagem em perfil; (C) paisagem em visão plana. 1 a 4: microambientes, sendo 1 e 4 o pedimento com caatinga arbustiva aberta, 2 o leito com margem erosiva e 3 a barra lateral arenosa

Fig. 2.4 Hierarquia de complexos geoecológicos

te (regiões *lato sensu*) e/ou como categorias (tipos) (Abalakov; Sedykh, 2010).

Individualmente, essas regiões refletem processos de diferenciação das paisagens, como diferentes graus ou estágios de decomposição de um mesmo corpo rochoso, formando pedimento (região erodida) e *inselberg* (região residual).

Categoricamente (ou tipologicamente), regiões não conexas em termos espaciais, quando submetidas a condições similares de potencial natural, originam paisagens de um mesmo tipo, por exemplo, afloramento rochoso com bromélias da espécie *Encholirium spectabile*.

No exemplo da Fig. 2.4, os pequenos *inselbergs* estão desconectados pela mancha pedimentar, constituindo indivíduos geográficos distintos que, mesmo assim, em virtude de seu potencial natural (pouco sedimento, clima semiárido, maiores temperaturas, contexto erosivo), apresentam uma fisionomia similar, podendo ser classificados como parte de um mesmo tipo, o *inselberg com caatinga rupestre*.

A diferenciação entre indivíduos (regiões) e categorias (tipos) pode ser mais bem entendida quando se observam mapas de menor escala. Por exemplo, para o semiárido brasileiro, geralmente algumas unidades de paisagem são individualizadas em função do efeito da geomorfologia no topoclima e na vegetação (por exemplo, Depressão Sertaneja, Chapada Diamantina, Planalto da Borborema etc.). Contudo, isso não impede o reconhecimento de tipos (por exemplo, chapadas e planaltos com áreas de tensão ecológica, caatinga de terrenos rebaixados no cristalino, cerrado de terrenos rebaixados sedimentares etc.).

O exame para a diferenciação de unidades e tipos de paisagens leva a um quarto princípio, temporal, que surge da necessidade de considerar o funcionamento e o desenvolvimento das paisagens, estejam eles afetados ou não pelo uso da terra.

2.4 Princípio temporal

As trocas de matéria e energia entre os diferentes componentes da natureza e da sociedade conferem movimento à paisagem. As paisagens mudam com o tempo, e essas mudanças podem ser espontâneas (um deslizamento) ou derivadas da apropriação cultural (a construção de uma cidade).

Além de mudar ao longo do tempo, as paisagens são afetadas pelos ciclos orbitais terrestres e também pela presença da Lua e do Sol. Ao longo de um ano, por exemplo, existem variações sazonais que afetam a fisionomia da paisagem ciclicamente.

Nos sertões secos, é fácil distinguir entre um estado fisionômico e funcional da caatinga verde no período quente e úmido do verão, o início da queda de folhas com a leve redução das temperaturas associada à aproximação do inverno austral e a magrém do segundo semestre, associada à queda acentuada das folhas, à redução dos níveis de umidade e ao aumento da temperatura. Com o início das chuvas, a caatinga volta a crescer rapidamente (Fig. 2.5).

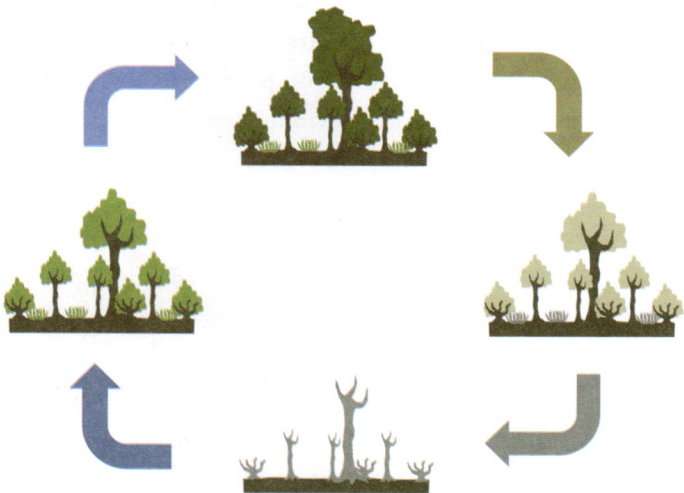

Fig. 2.5 *Modelo da dinâmica sazonal de uma paisagem enfatizando as fenofases do sistema foliar*

Além da ciclicidade, a dinâmica dos sistemas atmosféricos cria fisionomias de curta duração associadas a ritmos funcionais (por exemplo, paisagem de um evento chuvoso). Mesmo no período de um dia, as paisagens apresentam diferenças em seus processos naturais e sociais.

O que existe é uma estreita associação entre a fisionomia de uma paisagem, seu desenvolvimento e suas taxas de funcionamento. Na Fig. 2.6, o limite separa uma comunidade de bromélias que cresce sobre o afloramento rochoso e uma comunidade de árvores e arbustos que cresce sobre o sopé coluvial.

Ao observar essa figura e refletir sobre a operação de alguns processos naturais diurnos (por exemplo, balanço hídrico e temperatura de superfície), fica claro que há dois ambientes com taxas de funcionamento ligeiramente distintas e ecologicamente importantes.

Fig. 2.6 A linha vermelha tracejada marca o limite entre um minibioma rochoso com bromélias, à esquerda, e um minibioma coluvial com angico e imburana, à direita
Foto: Wilson G. Ferreira Júnior.

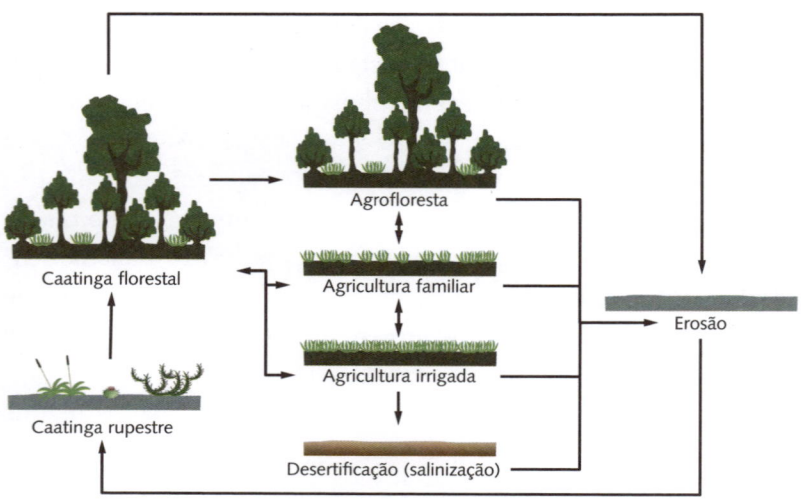

Fig. 2.7 Esquema evolutivo de uma paisagem no semiárido brasileiro

De outro modo, um exemplo de evolução da paisagem pode ser encontrado na Fig. 2.7, em que se retratam diferentes cenários de desenvolvimento de uma paisagem hipotética do semiárido brasileiro. Uma caatinga florestal, por exemplo, pode ser desmatada para dar origem a um sistema de agricultura irrigada. Esse sistema pode ser irrigado de forma excessiva, causando a salinização do solo e sua consequente desertificação.

Esses dois aspectos, funcionamento e evolução, compõem o que se chama de estrutura temporal de uma paisagem e constituem um aspecto essencial para a compreensão do fenômeno paisagístico (Beruchashvili, 1989). No âmbito da cartografia de paisagens, é preciso considerar que aquilo que se observa é um recorte tanto do tempo quanto do espaço, o que permite compreender a atividade de mapeamento como parte de um todo maior, que busca a compreensão não apenas da organização espacial (estrutura), mas também do funcionamento, evolução e planejamento das paisagens.

Os princípios metodológicos apresentados neste capítulo indicam que, para a cartografia de paisagens, é necessário ter em conta que:

- as paisagens são compostas de partes interatuantes;
- organizam-se naturalmente numa hierarquia;
- podem ser individualizadas ou classificadas por seus atributos em comum;
- a fisionomia das paisagens reflete um regime funcional e um contexto evolutivo.

 # Diferenciação e representação

Este capítulo aborda critérios para a interpretação de fotoimagens e dados temáticos com a finalidade de diferenciar elementos e padrões de paisagens, bem como critérios para a determinação de limites naturais com base em dados temáticos. Em seguida, são descritas ferramentas metodológicas para a representação das paisagens.

3.1 Elementos de diferenciação

Um excelente procedimento inicial para a distinção de paisagens é a determinação de limites naturais com base na interpretação de dados temáticos. Para isso, é preciso dispor de um conjunto de dados temáticos diversos (geologia, clima, solos, drenagem, altitude, vegetação etc.).

Esse procedimento é mais adequado para áreas da ordem da dezena de quilômetros quadrados ou maiores, pois é mais fácil encontrar dados temáticos em escalas pequenas e médias. Isachenko (1973, 1991) destaca os seguintes tipos de limite natural:

- grandes escarpamentos e/ou desníveis topográficos acentuados com ou sem variação no litotipo;
- transição climática;
- transição climática derivada de grande desnível no relevo;
- mudança significativa no litotipo (bacia sedimentar, rocha muito básica ou muito ácida ou com muito fraturamento etc.);
- mudanças suaves fracamente manifestadas em virtude de variações na altitude, nas condições de drenagem e na natureza litológica e estrutural de depósitos quaternários.

Como se pode perceber, algumas dessas diferenças podem ser identificadas com o auxílio de imagens de radar; contudo, outras são mais facilmente visualizadas a partir de uma boa base de dados temáticos, preferencialmente cartas geológicas, da rede de drenagem, de solos e de climas e elementos climáticos (precipitação, temperatura etc.).

Para o Parque Nacional do Catimbau (PE), foram identificados limites de transição climática (semiárido a subúmido), desnível topográfico (escarpamento, mudança de relevo) e contraste litológico (bacia sedimentar e embasamento cristalino). Com base nesses limites, foram reconhecidas 13 paisagens distintas (Fig. 3.1).

3.1.1 Diferenças em fotoimagens

A seguir, apresentam-se elementos de reconhecimento para a interpretação de imagens que podem ser utilizados para a diferenciação de paisagens. Tais elementos foram retirados de Anderson (1982).

A elaboração de uma carta de paisagens depende da interpretação do pesquisador. Tendo como base a interpretação de imagens, a tarefa do pesquisador é diferenciar objetos na imagem e determinar seu significado. Para tanto, é preciso considerar elementos de reconhecimento, que nada mais são do que características dos objetos do terreno representadas na fotoimagem. Conforme Anderson e Verstappen (1982), esses elementos são: tonalidade, forma, padrão, densidade, declividade, textura, tamanho, sombra, posição e adjacências (ou convergência de evidências).

Tonalidade

Refere-se à cor e suas variações. A cor é um fenômeno sensorial subjetivo e relaciona-se ao modo como o ser humano percebe diferentes comprimentos de onda que incidem em suas retinas (Skalicky, 2016). Um computador pode apresentar

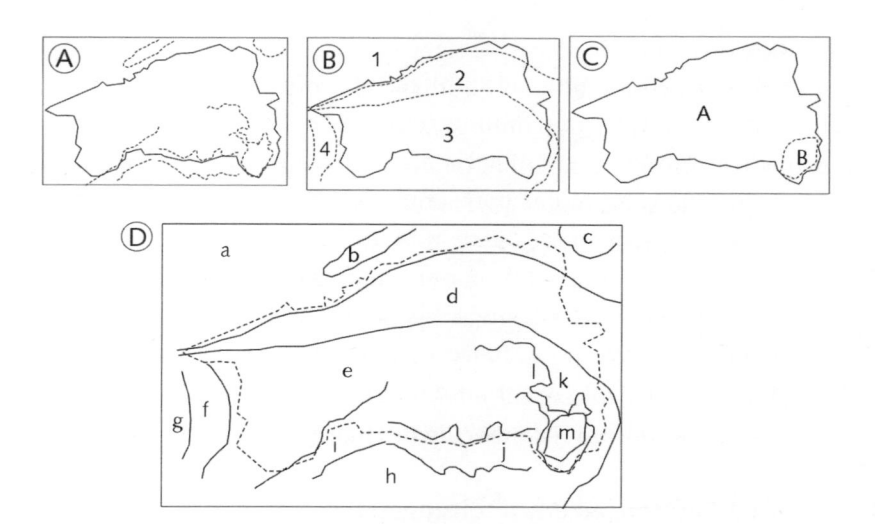

Fig. 3.1 Contrastes (A) topográficos, (B) litológicos e (C) climáticos e (D) paisagens nas proximidades do Parque Nacional do Catimbau (PE). Em (A), os limites topográficos são representados pelas linhas tracejadas. Em (B), os limites litológicos são dados por: 1 – cristalino; 2 – transição cristalino--sedimentar; 3 – arenito paleozoico e coberturas arenosas; e 4 – arenito e siltito mesozoicos. Em (C), os limites climáticos são dados por: A – quente semiárido mediano a forte; B – quente semiárido brando. Em (D), as linhas tracejadas representam o limite político-administrativo do parque, enquanto as paisagens são representadas por: a – pedimentos sobre o cristalino; b – serra do Juá; c – serra de São Henrique; d – transição entre pedimentos e glacis na borda da bacia do Jatobá; e – colinas baixas arenosas; f – colinas baixas do Frutuoso; g – vale do Frutuoso; h – serra do Macaco; i – vale do Pioré; j – vale do Catimbau; k – glacis da borda leste da bacia do Jatobá; l – patamares estruturais da borda leste da bacia do Jatobá; e m – serra do Catimbau

16,8 milhões de cores, mais do que o olho humano consegue enxergar, que é algo entre 2 e 10 milhões de cores (Kleiner, 2004; Leong, 2006).

Numa fotoimagem, as cores podem dar indicações de variação na vegetação, rochas, solos, águas e construções. No exemplo da Fig. 3.2, o contraste das tonalidades mais cinza à esquerda e mais alaranjadas à direita indica solos diferentes.

Forma

Refere-se ao conjunto dos limites exteriores de um objeto. Cabe lembrar que, numa fotoimagem, as formas observadas são aquelas obtidas em uma vista aérea. De modo geral, padrões de formas construídas apresentam contornos regulares (casas, estradas, cercas etc.), enquanto formas de objetos naturais tendem a ser mais irregulares. Na interpretação das formas, é preciso considerar outros elementos (por exemplo, a tonalidade) para evitar confusão e erro. No exemplo da Fig. 3.2, é possível ver a forma aproximadamente circular das copas das árvores, confirmada pelas tonalidades de verde.

Fig. 3.2 *Diferenças de cor indicam diferenças nos solos*

Padrão

Refere-se ao arranjo espacial das formas em uma fotoimagem e geralmente é descrito pelo aspecto geral apresentado, com o uso de um termo de fácil acepção. Alguns padrões são facilmente reconhecíveis, tais como os padrões *retangulares* de áreas desmatadas, cidades e áreas agrícolas (Fig. 3.3A) e os padrões conectados das redes de drenagem. Do mesmo modo que no caso anterior, a interpretação conjunta de padrões e cores é mais interessante do que considerar os padrões isoladamente.

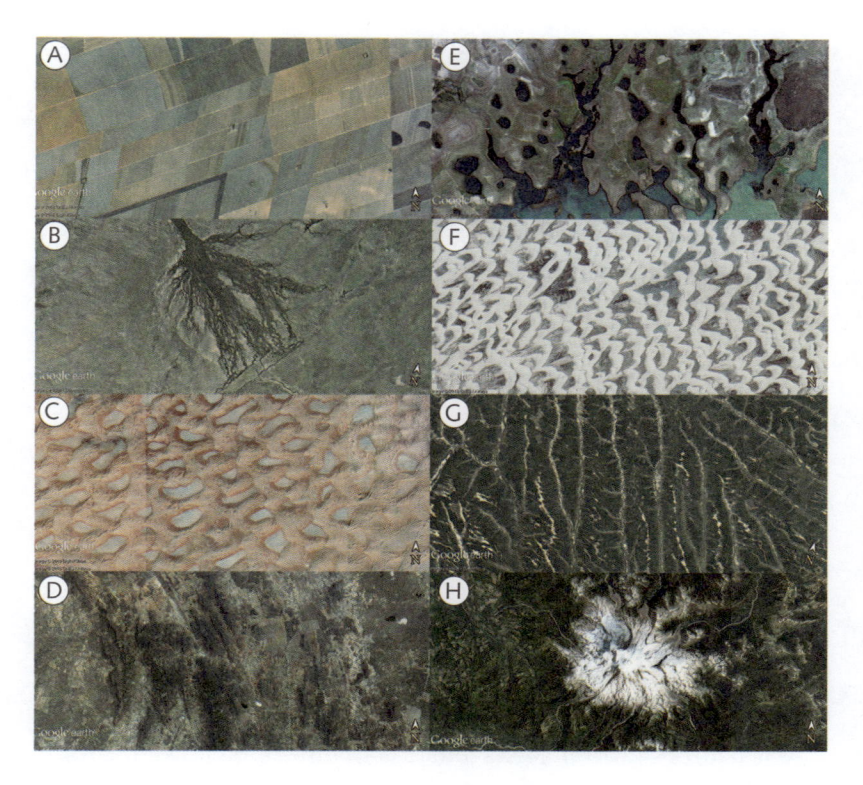

Fig. 3.3   Padrões de paisagens: (A) retangular, (B) leque dicotômico, (C) celulado, (D) estriado, (E) manchado, (F) crescente, (G) pluma e (H) radial

Os padrões podem ser utilizados para a diferenciação de paisagens. Em escala de dezenas a centenas de quilômetros quadrados, paisagens se caracterizam como conjuntos heterogêneos constituídos por partes com características homogêneas.

A estrutura morfológica reflete condicionantes gerais da formação das paisagens. Vários padrões são comuns na natureza. Um padrão em *leque dicotômico* está associado ao espraiamento da drenagem (Fig. 3.3B). No caso do delta do rio Okavango, o contraste de cor na vegetação da área úmida drenada pelos canais e da terra firme auxilia na diferenciação das unidades de paisagem.

Pode-se distinguir um padrão *celulado* quando a paisagem se manifesta à semelhança de um conjunto regular de células, a exemplo do arranjo das bacias de deflação do campo de dunas próximas a Murzuq, na Líbia (Fig. 3.3C). Um padrão *estriado* refere-se a formas alongadas. Pode indicar paisagens de origens diversas, principalmente campos de dunas ou cristas estruturais, como aquelas de Monte Santo (BA) (Fig. 3.3D).

Um padrão *manchado* é aquele em que as formas lembram manchas, a exemplo do arranjo das áreas afetadas pela expansão do lago da barragem de Sobradinho, próximo a Remanso (BA) (Fig. 3.3E). Um padrão *crescente* é aquele em que um círculo é parcialmente obturado por outro círculo. Na natureza, pode-se encontrar esses padrões em dunas barcanas ou barcanoides (Fig. 3.3F).

Um padrão em *pluma* lembra a plumagem de uma ave, podendo estar relacionado a áreas com padrão de drenagem em treliça ou similares, como aquele encontrado em Angola (Fig. 3.3G). O padrão *radial* é característico de áreas elevadas que dispersam ou convergem a drenagem a partir de um núcleo comum, a exemplo do monte Rainier (Fig. 3.3H), nos Estados Unidos.

Os padrões de drenagem constituem um elemento de reconhecimento importante para a diferenciação das paisagens. Anderson e Verstappen (1982) propõem três principais tipos de terreno/zona identificável por meio de padrões de drenagem (Fig. 3.4):

- *terrenos aluviais*: associados a áreas de sedimentação aluvial (padrões entrelaçados, anastomosados, dicotômicos, tributários do tipo Yazoo);
- *terrenos erodidos sob influência estrutural*: aqueles onde existe a influência das estruturas geológicas na organização da rede de drenagem (padrões anulares, em treliça, retangulares, contornados);
- *terrenos erodidos com desenvolvimento livre*: aqueles em que não parece haver controle estrutural sobre a rede de drenagem (padrões dendrítico a subdendrítico, paralelo a subparalelo, radial).

Fig. 3.4 *Padrões de drenagem comuns – terrenos aluviais: (A) anastomosado, (B) entrelaçado e (C) dicotômico; zonas de erosão com desenvolvimento livre: (D) dendrítico, (E) subdendrítico e (F) paralelo; zonas de erosão sob influência estrutural: (G) anular, (H) retangular e (I) treliça*

Densidade

Refere-se à frequência com que alguns objetos ocorrem na fotoimagem, como a drenagem ou as copas das árvores. No caso da drenagem, a densidade está associada à permeabilidade do terreno. Para a vegetação, a densidade pode auxiliar na distinção de formações densas/fechadas daquelas abertas/esparsas.

Declividade

Refere-se à inclinação do terreno. Hoje, é possível obter modelos numéricos da inclinação do terreno com base em dados altimétricos. Uma das principais dúvidas que surgem no exame da declividade é seu fatiamento (reclassificação). Diferentes autores têm proposto classes de inclinação do terreno.

Recomenda-se que a segmentação da declividade seja realizada considerando sua representatividade na explicação da área. No semiárido brasileiro, alguns solos são muito comuns em áreas de relevo suave a plano (Latossolos, Planossolos, Vertissolos, Luvissolos), enquanto outros são mais facilmente encontrados em áreas de relevo acidentado (Cambissolos, Neossolos Litólicos, Neossolos Regolíticos, Argissolos).

Textura

Refere-se ao arranjo de elementos que compõem um objeto, como o conjunto das copas das árvores de uma floresta. Qualitativamente, a textura pode ser referida como áspera, aveludada, rugosa e lisa, entre outros adjetivos similares. É mais utilizada quando não se consegue distinguir elementos isolados; caso contrário, é mais adequado se referir à densidade. Por exemplo, na Fig. 3.5 não é possível distinguir cada elemento que compõe a vegetação no centro da imagem, mas, pela textura áspera, percebe-se que existe uma diferenciação em relação à vegetação mais esparsa do entorno.

Fig. 3.5   *Diferenças na textura da imagem auxiliam na interpretação da vegetação*

Tamanho
Refere-se ao tamanho real dos objetos na fotoimagem. Por meio de SIG, pode-se medir o tamanho de qualquer objeto utilizando ferramentas de medição. No QGIS, as ferramentas de medição fazem parte da barra de ferramentas "Atributos" e permitem medir linhas, áreas e ângulos.

Sombra
As sombras têm relação com a hora, a latitude e a luminosidade solar do dia da aquisição da fotoimagem. Em imagens de satélite, podem ser resultado da presença de nuvens. Outros objetos, como o relevo escarpado, árvores e edificações, podem aparecer na imagem como sombras.

Sombras podem ser úteis na diferenciação de tipos de árvore, como no exemplo apresentado por Anderson e Verstappen (1982). Contudo, podem obscurecer partes da fotoimagem, principalmente em ambientes montanhosos.

Posição
Refere-se ao entendimento do contexto geográfico em que se localiza a fotoimagem. Pressupõe que o pesquisador possua

uma compreensão básica da geografia física e humana da região imageada. Trata-se de um conhecimento geral do clima, geologia, relevo, vegetação, solos, formas de assentamento, economia etc. Tem o propósito de evitar confusões de interpretação.

Adjacências
Também chamada de *convergência de evidências* ou *correlação de aspectos associados*, nada mais é do que considerar os objetos adjacentes para conduzir a interpretação. Por exemplo, no caso da Fig. 3.5, o formato alongado da textura áspera no centro da imagem, associado à presença de um padrão que lembra braços ou galhos, permite distinguir a presença de um rio e sua influência sobre a densidade da vegetação.

3.2 Ferramentas metodológicas

No âmbito da Geografia, as paisagens geralmente têm sido representadas por meio de ferramentas metodológicas, entre as quais se destacam a carta propriamente dita, os quadros de correlação e as seções-tipo, também chamadas de perfis de paisagem (Monteiro, 2000). Esta seção descreve essas diferentes técnicas de representação, apresentando também algumas de suas variações metodológicas.

3.2.1 Cartas de unidades de paisagem

A carta é um modelo que busca a representação de objetos espacialmente delimitáveis. A cartografia de paisagens ou cartografia geoambiental atende à necessidade de visualização da fisionomia das paisagens. Aqui são sugeridos quatro níveis de detalhamento: exploratório, semidetalhado, detalhado e ultradetalhado.

Levantamentos exploratórios
Para escalas menores que 1:250.000, os mapas de unidades de paisagem representarão geralmente contrastes naturais regio-

nais da área de estudo, como os domínios de natureza do Brasil de Ab'Sáber (2003). Não obstante, a integração da legenda de mapas exploratórios com as legendas de mapas semi a ultradetalhados permite uma compreensão ampla da organização hierárquica natural das paisagens.

As principais aplicações desse tipo de mapeamento incluem a possibilidade da comparação de dados da biodiversidade entre diferentes unidades de paisagem, bem como o atendimento da demanda dos zoneamentos ecológico-econômicos em nível estadual, regional e nacional.

Duas estratégias principais podem ser adotadas para a elaboração de mapas exploratórios das paisagens. A primeira delas é a revisão dos principais elementos do potencial natural que possam afetar padrões da atividade biológica (vegetação e solos). A segunda é a construção de um modelo cartográfico que reflita essas variações. Como exemplo, será apresentado o resultado de uma pesquisa sobre a organização natural das paisagens do semiárido brasileiro (Cavalcanti, 2016).

O fragmento exibido na Fig. 3.6 faz parte da carta das paisagens do semiárido brasileiro (escala 1:4.000.000). Foi elaborado considerando alguns dos principais fatores condicionantes da diversidade paisagística dessa região.

Para sua confecção, inicialmente se considerou o efeito da altitude sobre a diferenciação da vegetação, geralmente indicado pela literatura como em torno dos 600 m. Para representar esse efeito, foi criado um arquivo *raster* pela reclassificação dos dados de elevação em duas classes: terrenos elevados (> 600 m) e terrenos rebaixados (< 600 m).

Também foi considerada a diferenciação de terrenos cristalinos e sedimentares para representar variações nos solos e na biota.

Em seguida, considerou-se a influência da rugosidade do terreno sobre a variedade dos solos. Conforme visto anteriormente, no semiárido brasileiro, alguns solos são mais comuns em áreas de

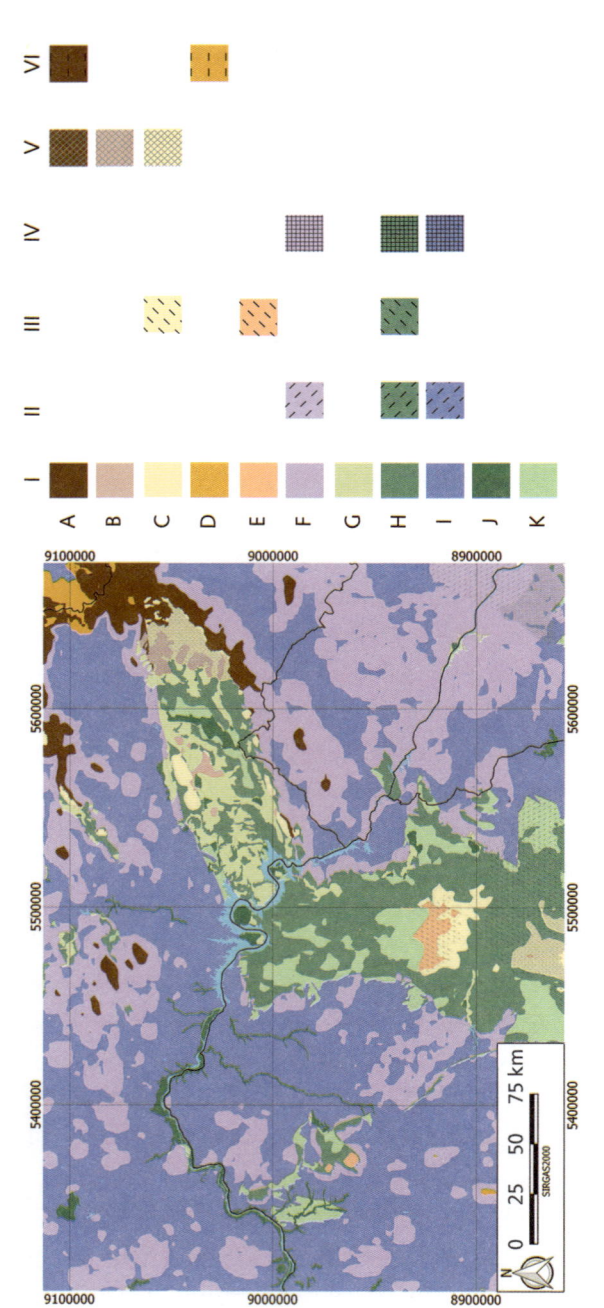

Fig. 3.6 Terrenos: A – elevados e acidentados do embasamento cristalino; B – elevados e acidentados em sedimentos; C – elevados e acidentados em rochas sedimentares e metassedimentares; D – elevados e pouco acidentados do embasamento cristalino; E – elevados e pouco acidentados em rochas sedimentares e metassedimentares; F – rebaixados e acidentados do embasamento cristalino; G – rebaixados e acidentados em sedimentos; H – rebaixados e acidentados em rochas sedimentares e metassedimentares; I – rebaixados e acidentados do embasamento cristalino; J – rebaixados e pouco acidentados em sedimentos; e K – rebaixados e pouco acidentados em rochas sedimentares e metassedimentares. Vegetação: I – caatinga; II – caatinga-floresta estacional; III – caatinga-cerrado-floresta estacional; IV – cerrado-floresta estacional; V – caatinga-cerrado; VI – floresta estacional

relevo suave, enquanto outros são mais comuns em áreas de relevo acidentado. Para representar essa influência, os dados de elevação foram transformados pelo índice de rugosidade, reclassificados em duas classes – terrenos acidentados e terrenos suavizados – e posteriormente unidos ao arquivo dos terrenos elevados e rebaixados.

Por fim, os mapas vegetacionais existentes serviram de base para a indicação de áreas de caatinga e áreas de tensão ecológica. No mapa final (Fig. 3.6), os terrenos foram representados por cores, e a vegetação, por hachuras sobrepostas aos terrenos.

Levantamentos semidetalhados

Para escalas entre 1:25.000 e 1:250.000, é possível construir mapas que representem melhor tipos de associações entre unidades de paisagem. Cada um desses tipos, por sua vez, constitui paisagens de nível hierárquico superior, conforme o princípio da hierarquia descrito no Cap. 2. As principais aplicações desse tipo de serviço incluem a definição de linhas gerais para o planejamento territorial em nível municipal, como o mapa de unidades dos sistemas ambientais requerido para fins de zoneamento ecológico-econômico, bem como a geração de dados para alimentação de modelos ambientais.

De início, é importante consultar primariamente mapas geomorfológicos e da vegetação. A seção de *downloads* de Geociências do Instituto Brasileiro de Geografia e Estatística (IBGE) disponibiliza gratuitamente mapas na escala 1:250.000. Eles podem poupar um bom trabalho, talvez sendo necessário apenas detalhar um pouco os limites das unidades ou incluir algo ainda não mapeado. Para isso, dados mais detalhados de radar e imagens de satélite podem ser utilizados.

Alguns dados altimétricos úteis são aqueles da SRTM com resolução espacial de 1 arcossegundo ($\approx$ 30 m × 30 m) ou os dados do Phased Array type L-band Synthetic Aperture Radar (Palsar), do

Advanced Land Observing Satellite (Alos), com resolução espacial de ≈ 12,5 m × 12,5 m.

Esses dados altimétricos podem ser usados como base para a identificação de unidades geomorfológicas (representando o potencial natural). Uma boa referência de legenda são os tipos de modelados do manual técnico de geomorfologia do IBGE (2009). Modelos do terreno que auxiliam na distinção das unidades podem ser extraídos, como a declividade e a rugosidade.

Imagens de satélite Landsat ou AVNIR são boas fontes de informação, permitindo também um melhor conhecimento do uso e cobertura da terra (representando a *atividade biológica* e a *apropriação cultural*). Para esse mapeamento, pode-se utilizar a digitalização das classes de uso e cobertura com base em composição de bandas ou mesmo utilizar classificações automáticas.

A consulta a mapas geológicos é fundamental, uma vez que as informações da geologia podem auxiliar no detalhamento das unidades geomorfológicas. Para muitas localidades, o Serviço Geológico do Brasil (CPRM) fornece mapas na escala 1:100.000 das folhas articuladas segundo a Convenção da Carta Internacional do Mundo ao Milionésimo. Quando disponíveis, os mapas de solos agregam um nível de detalhamento não considerado no mapa geológico, sobretudo em relação aos mantos de alteração.

Posteriormente, é necessário unir os mapas de uso e cobertura da terra ao mapa geomorfológico, definindo tipos de associações entre unidades de paisagem. Isso pode ser realizado com uma ferramenta de geoprocessamento ou, simplesmente, atribuindo símbolos diferentes, utilizando cores para as unidades de relevo e hachuras para a cobertura da terra. Para mais informações sobre tipos de associações, reler o Cap. 2. Esses tipos servirão como base para a validação das informações em campo.

Os procedimentos de campo devem ser conduzidos para a validação das unidades mapeadas. Uma forma de amostragem interessante é a realização de um perfil ao longo dos principais contrastes observados, bastando fazer uma ou duas observações em cada unidade diferente. Para procedimentos de descrição, ver o Cap. 4. Informações essenciais incluem tipo de modelado, forma de relevo, litotipo, solos, vegetação e uso da terra.

Um exemplo de mapa semidetalhado baseado na metodologia descrita é aquele elaborado para o Parque Nacional do Catimbau (PE). Utilizou-se a modelagem cartográfica, baseada em sensoriamento remoto e geoprocessamento.

Inicialmente, foram definidos limites de unidades geomorfológicas, considerando dados de elevação, modelo da declividade e informações da geologia e de um mapa morfoestrutural previamente construído. Em seguida, diferenciaram-se os limites da vegetação pela interpretação do mapa de cobertura e uso da terra elaborado por Guerra (2004). Por fim, os dados foram unidos, originando o mapa de grupos paisagísticos cujo fragmento é apresentado na Fig. 3.7.

Levantamentos detalhados

Abrangem escalas de 1:2.000 a 1:10.000, em que é possível representar unidades de paisagem bem pequenas e até mesmo inserir detalhes de sua dinâmica geomorfológica, como a presença de cicatrizes de erosão. Nessas escalas, também se pode representar casos específicos de associações elementares, isto é, unidades de paisagem conectadas ao longo de um gradiente topográfico.

As aplicações desse tipo de mapeamento incluem planejamento agrícola, manejo do solo, recuperação de áreas degradadas, recursos hídricos e florestais, e obras civis e de engenharia. Os mapas detalhados ainda podem ser utilizados como base na modelagem da vulnerabilidade ambiental (Crepani et al., 2001), uma vez que fornecem informações dos diferentes temas ambientais (relevo, solos, vegetação etc.).

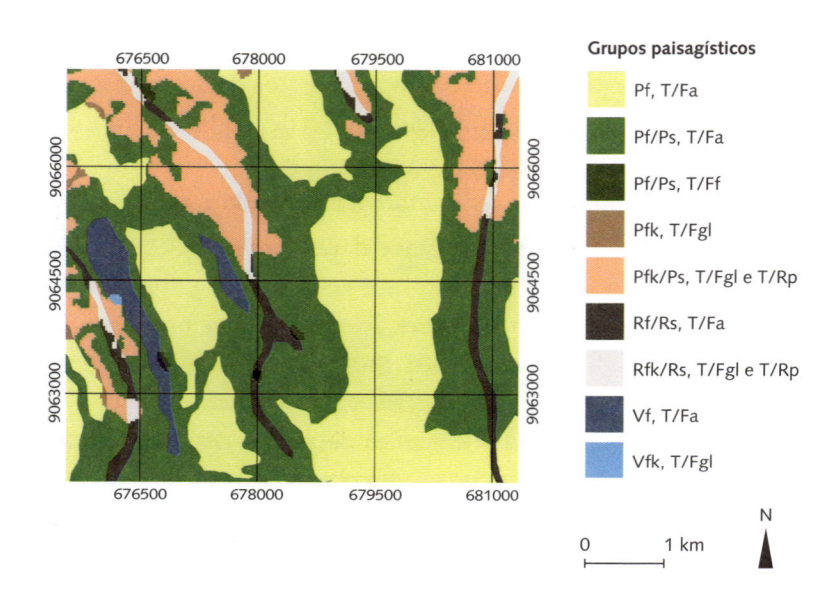

Fig. 3.7 *Fragmento do mapa de grupos paisagísticos do Parque Nacional do Catimbau (PE). Geomorfismos: Pf – relevo suave ondulado em substrato arenoso profundo; Ps – relevo suave ondulado em substrato argiloso raso; Pfk – idem a Pf, mas com evidências de cultivo; Rf – leito arenoso; Rs – leito argiloso; Vf – encostas íngremes arenosas; Vfk – idem a Vf, mas com evidências de cultivo. Vegetação: T/Fa – caatinga lenhosa aberta; T/Ff – caatinga lenhosa fechada; T/Fgl – caatinga gramíneo-lenhosa; T/Rp – caatinga rupestre*

Para levantamentos detalhados, a base de dados essencial é de ortoimagens e modelos digitais do terreno (MDT) derivados de Lidar (*light detection and ranging*) ou de veículos aéreos não tripulados (VANTs ou drones). Também é possível utilizar algumas imagens de satélite de alta resolução, como aquelas disponíveis no *plugin* QuickMapServices do QGIS. Nesse caso, o levantamento topográfico ainda é necessário, podendo-se usar estação total. Para o Estado de Pernambuco, é possível utilizar os dados gratuitos do projeto Pernambuco Tridimensional, que fornece ortoimagens e MDT para mapeamentos na escala 1:5.000.

No roteiro de pesquisa, deve-se primeiramente extrair as curvas de nível do MDT com intervalo de 10 m, as quais devem ser interpretadas de modo a obter as unidades do relevo. Os principais elementos de diferenciação são:

- *mudança de declive:* transição gradual de um declive mais suave para outro mais acentuado e vice-versa;
- *ruptura de declive:* mudança abrupta na inclinação do relevo – por exemplo, um declive suave para um declive escarpado e vice-versa.

Cada unidade de relevo pode ser denominada de forma simples: topo, encosta, patamar, canal etc. Também é possível gerar um modelo de declividade para auxiliar na interpretação.

Após a diferenciação das unidades de relevo, deve-se utilizar a ortoimagem para distinguir classes de cobertura da terra. As seguintes classes podem ser digitalizadas por meio de polígonos: vegetação lenhosa, vegetação herbácea, corpo hídrico, estrada, rodovia, afloramento rochoso, chão exposto, área desmatada etc. Por meio de pontos, podem ser digitalizadas casas, cisternas e outros elementos de caráter pontual.

Um ponto interessante é a possibilidade de usar imagens de satélite de alta resolução de anos distintos em conjunto com a ortoimagem para avaliar a sucessão ecológica. Por exemplo, uma área que esteja desmatada numa imagem de 2009, apresentando cobertura vegetal nos anos de 2011 e 2015 e na ortoimagem de drone em 2017, pode ser classificada como uma vegetação lenhosa em recuperação desde 2009.

Um terceiro momento inclui a união das camadas de unidades de relevo e cobertura da terra. Isso pode ser feito por geoprocessamento ou por diferença na simbologia do leiaute dos mapas (ver a seção "Levantamentos exploratórios", p. 44). De qualquer modo, esse primeiro mapa consiste num mapa de rascunho, carente de uma visita de campo.

A etapa de campo deve procurar validar as unidades mapeadas e adensar informação, principalmente em relação a litotipos, solos, vegetação e uso da terra. Ver o Cap. 4 para mais detalhes sobre os procedimentos de descrição de campo.

Após o primeiro levantamento de campo, é importante a abertura de trincheiras nos solos mais representativos, com descrição morfológica completa, incluindo coleta para posterior análise química e física. Além disso, a coleta de amostras para a caracterização do litotipo (rocha matriz) também é importante. Nesse sentido, a consulta prévia aos mapas geológico e de solos é fundamental.

Qualquer espécie de planta desconhecida precisa ser coletada para posterior identificação botânica. Como não se trata de um levantamento fitossociológico, mas de cartografia de paisagens, sugere-se coletar apenas espécimes das plantas dominantes em cada ponto de observação.

É importante que a legenda do mapa final inclua a forma de relevo, o litotipo, os solos (ao menos a textura), a fitofisionomia, as espécies ou gêneros de plantas dominantes e/ou o uso da terra. Caso se trate de uma área degradada, é preciso incluir os processos erosivos ou de degradação (por exemplo, salinização).

Os dados de campo devem ser tabulados e inseridos em ambiente SIG. A sobreposição dos pontos observados em campo às fotoimagens e curvas de nível auxilia no refinamento do mapa previamente elaborado em gabinete, sobretudo pela possibilidade de inserção de informações sobre os solos e as espécies ou gêneros de plantas dominantes.

Um exemplo de cartografia de paisagens baseada em dados de campo é o mapa de paisagens do Sítio Arqueológico Alcobaça (Fig. 3.8), localizado no Parque Nacional do Catimbau (PE).

Levantamentos ultradetalhados

Incluem levantamentos em escalas maiores que 1:2.000 e geralmente envolvem a necessidade de um melhor conhecimento de processos naturais (como detalhes de cicatrizes erosivas) e/ou arranjo e distribuição de microambientes. Os

3 diferenciação e representação 53

Minibiomas do sítio arqueológico Alcobaça

Grupos de minibiomas:
Glacis arenoso conservado: 1 Caatinga florestal muito aberta de *Ziziphus-Croton-Mimosa*; 2 Caatinga florestal muito aberta de *Pilosocereus-Pavonia-Cnidoscolus*; 3 Caatinga florestal aberta de *Pincianella-Croton-Cnidoscolus*; 4 Caatinga florestal aberta de *Poincianella-Senegalia*; **Glacis arenoso dissecado:** 5 Caatinga florestal aberta de *Schinopsis-Ziziphus-Commiphora-Sideroxylon* (T7Fa4); Tálus: 7 Caatinga florestal fechada com *Sideroxylon-Ziziphus-Commiphora*; 8 *Acacia-Pityrocarpa-Caesalpinia*; **Patamar estrutural rebaixado:** 9 Caatinga florestal aberta com *Poincianella-Croton-Mimosa*; 10 Caatinga rupestre pedimentar com *Pilosocereus-Melacactus*; 11 Caatinga florestal aberta de *Commiphora-Sideroxylon-Croton*; **Patamar estrutural intermediário:** 12 Caatinga florestal fechada com *Pityrocarpa-Casesalpinia-Croton*; 13 Caatinga rupestre de escarpamento com liquens e aglomerados isolados de *Bromeliaceae* e *Cactacea*. **Patamar estrutural de cimeira:** 14 Caatinga florestal aberta com *Gochnatia-Pityrocarpa*; 15 Caatinga florestal muito aberta com *Anacardium*; **Escarpamento em arenito:** 16 Caatinga rupestre de escarpamento com liquens e aglomerados isolados de *Bromeliaceae* e *Cactacea*.

— — — 16 Limite de paisagens
——— Limite abrupto
——— Limite de minibiomas

1:10.000
WGS84 – UTM 24S
0   430 m

Cartografia Lucas Cavalcanti

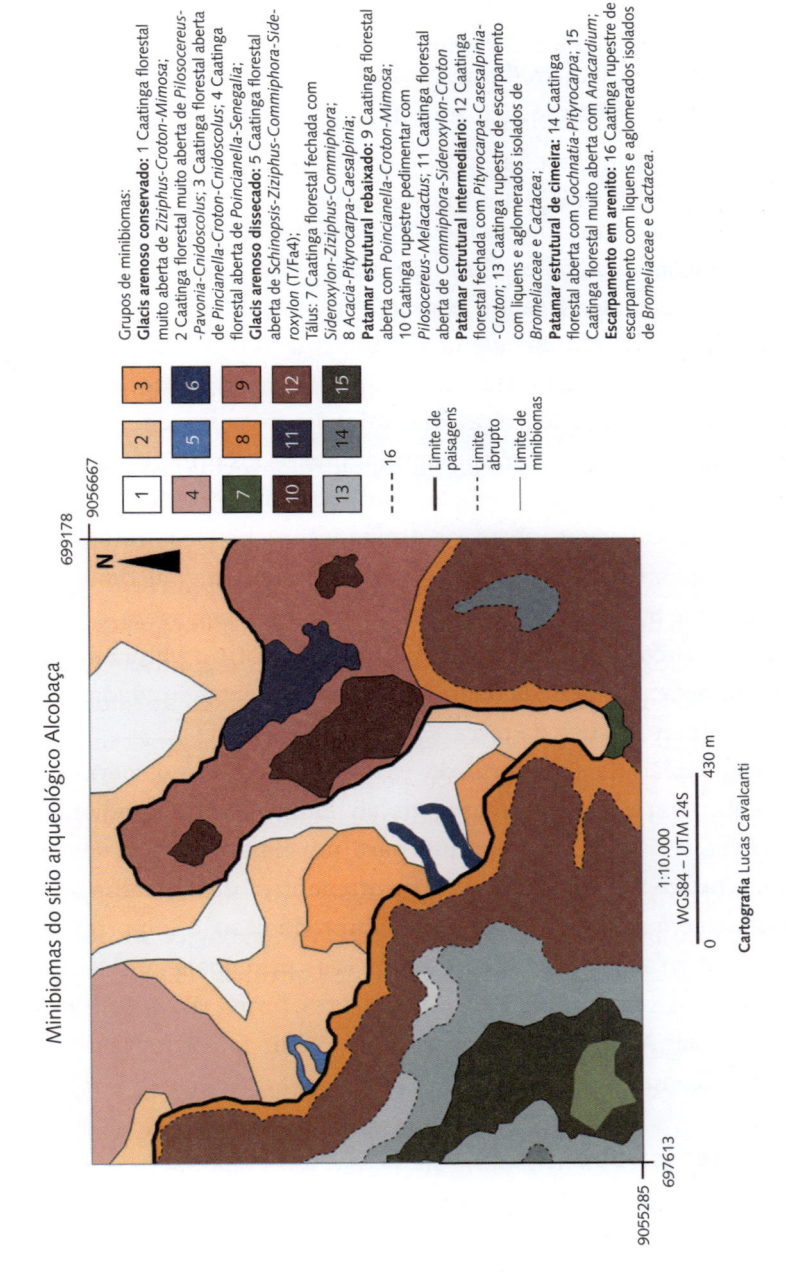

Fig. 3.8 Paisagens do sítio arqueológico Alcobaça, no Parque Nacional do Catimbau (PE)

procedimentos podem envolver o registro das dimensões das feições de interesse e detalhes de sua composição (solos, florística, pedofauna). Os materiais usados podem variar desde papel milimetrado e fita métrica até estação total ou *laser scanner* 3D.

3.2.2 Relatório

O relatório final deve incluir um mapa de localização, informações político-administrativas (Estado, município, distrito, localidade) e de acesso (percurso de XX km pela rodovia tal a partir da cidade X) e informações gerais do clima e do contexto morfoestrutural.

É imprescindível a descrição das unidades de paisagem (relevo, litotipo, solos, vegetação, usos predominantes) e dos principais tipos encontrados, de sua estabilidade morfodinâmica (Tricart, 1977), das relações espaciais entre as unidades mapeadas (rotas de perda, troca e armazenamento de água, sedimentos e nutrientes), da influência do uso da terra na fisionomia da paisagem e dos padrões de sucessão vegetal. É importante discutir o potencial e/ou as limitações e o grau de degradação das diferentes unidades de paisagem diante do uso da terra.

A elaboração de um perfil de paisagem (seção-tipo) permite representar variações da paisagem ao longo de um gradiente topográfico. Ver o tópico seguinte para um detalhamento dessa ferramenta metodológica. Para levantamentos ultradetalhados, muitas vezes o perfil não é aplicável. Em todo caso, é importante utilizar fotografias para representar as principais unidades mapeadas. As fotografias devem destacar a forma de relevo e a fitofisionomia. Além disso, é necessário incluir fotos dos solos e litotipos encontrados.

3.2.3 Seções-tipo

Qualquer representação da paisagem ao longo de um perfil topográfico é denominada seção-tipo ou perfil de paisagem.

Trata-se de um modelo que busca caracterizar as variações paisagísticas ao longo de um gradiente de relevo.

Na elaboração de uma seção-tipo, é essencial observar a maior diversidade de paisagens possível. É importante inserir informações dos litotipos e solos. As espécies ou gêneros de plantas dominantes podem ser representadas por símbolos. Também é importante inserir um pequeno comentário sobre o perfil, descrevendo sua variabilidade paisagística e seu significado ambiental.

O exemplo da Fig. 3.9 apresenta um perfil de paisagem na borda de uma bacia sedimentar em clima semiárido, onde o avançado estágio erosivo exumou o embasamento cristalino, criando diferentes condições de potencial natural, o que resultou em diferentes padrões de atividade biológica.

Em áreas de rocha cristalina, no semiárido nordestino, foram observados, em janeiro de 2013, 14 pontos ao longo de 7 km, em

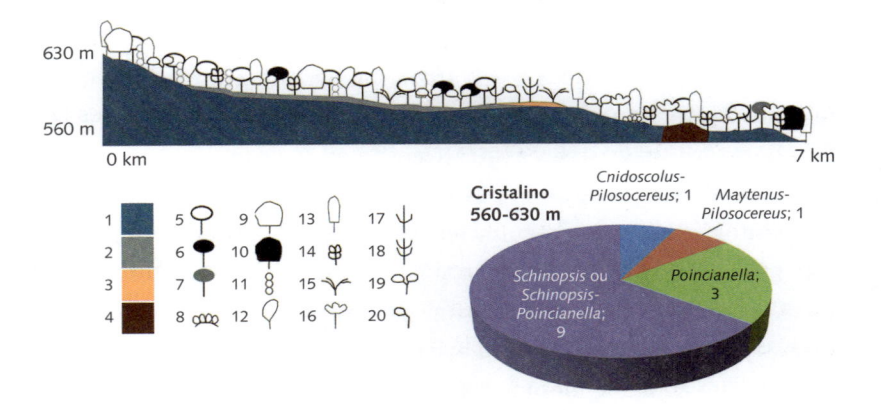

Fig. 3.9 Seção-tipo. 1 = pedimento rochoso no cristalino; 2 = pedimento com estagnação sazonal de água; 3 = glacis arenoso conservado; 4 = inselberg baixo em serpentinito; 5 = Poincianella; 6 = Mimosa; 7 = Maytenus; 8 = Ipomoea; 9 = Commiphora; 10 = Ziziphus; 11 = Tacinga; 12 = Aspidosperma; 13 = Schinopsis; 14 = Croton; 15 = Jatropha; 16 = Prosopis; 17 = Pilosocereus (pachycladus e/ou gounellei); 18 = Pilosocereus (tuberculatus); 19 = Cnidoscolus (cf. quercifolius); 20 = Cnidoscolus (cf. pubescens)

altitudes de 560 m a 630 m, próximos à localidade do Xilili (município de Tupanatinga, em Pernambuco), com o objetivo de constituir uma seção-tipo representativa.

No perfil do Xilili, a paisagem desenvolve-se sobre um pedimento estruturado em rochas metamórficas ocasionalmente inumadas por um manto arenoso, às vezes raso (havendo migração da argila do cristalino por capilaridade), às vezes profundo, evidenciando a base dissecada de algum antigo morro-testemunho.

Nesse contexto, desenvolvem-se solos rasos sobre camadas alteradas de rocha ou sobre algum material transportado, geralmente com clastos de tamanhos variados, compondo pavimentos detríticos que ocasionalmente são intercalados com afloramentos rochosos e dificilmente guardam um horizonte A (Neossolos Litólicos). Muitas vezes, o solo reflete a planura do relevo e seu efeito sobre a estagnação da água resulta na formação de um horizonte B bastante argiloso com cores de redução (B plânico).

Onde a cobertura arenosa é rasa, a argila do horizonte B plânico migra por capilaridade e é percebida na camada arenosa superior. Já onde a cobertura arenosa é mais profunda, o efeito da migração da argila não é percebido (Neossolos Quartzarênicos), e, no caso observado, esses solos são acompanhados pela presença de elementos florísticos peculiares aos solos arenosos (*Cnidoscolus obtusifolius*, *Pilosocereus tuberculatus*).

A vegetação é de baixo porte, geralmente com indivíduos de *Cenostigma*, *Cnidoscolus*, *Mimosa* e *Aspidosperma* de 3 m a 4 m compondo o dossel aberto e elementos arbóreos emergentes de *Schinopsis* e, secundariamente, *Commiphora*. Essa vegetação recobre um pedimento desenvolvido, por vezes dissecado.

3.2.4 Quadro de correlação

Trata-se de uma ferramenta lógica que busca a correspondência de informações distintas de modo a obter uma síntese delas. O quadro de correlação é utilizado como legenda do mapa de paisagens. Essa ferramenta também pode ser chamada de quadro geoambiental.

Um quadro de correlação pode ser construído utilizando dados primários ou secundários (mapas temáticos). Com o uso de dados primários, um quadro de correlação deve incluir as informações de potencial natural (geomorfismo e drenagem), atividade biológica (solos e vegetação) e apropriação cultural (uso da terra). Para dados de campo, é importante indicar os pontos descritos em campo.

Inicialmente, elabora-se uma matriz com os dados observados em campo (Quadro 3.1), em que cada coluna corresponde a um atributo (ponto de descrição, geomorfismo, solos, vegetação, uso da terra) e as linhas correspondem às variações dos atributos em cada local.

Em seguida, a matriz é rearranjada, organizando o uso da terra por vegetação, a vegetação por tipo de solo e os solos por geomorfismo, considerando todas as subdivisões (Quadro 3.2).

O princípio que rege esse tipo de correlação é o mesmo que rege a ecodinâmica de Tricart (1977): as transformações pedológicas e a sucessão vegetacional só podem ocorrer quando há estabilidade

Quadro 3.1 Matriz hipotética de dados ambientais observados em campo

ID	Geoforma	Solo	Vegetação	Uso da terra
1	Encosta rochosa	Afloramento rochoso	Semideserto com bromélias e cactos	Pecuária extensiva
2	Pedimento	Planossolo Háplico	Arbustal micrófilo aberto decíduo	Pecuária extensiva
3	Pedimento	Neossolo Litólico	Floresta micrófila muito baixa aberta decídua	Pecuária extensiva
4	Pedimento	Planossolo Háplico	Floresta micrófila baixa aberta decídua	Pecuária extensiva
5	Tálus	Neossolo Litólico	Floresta micrófila muito baixa aberta decídua	Pecuária extensiva

Quadro 3.2 Quadro de correlação

ID	Geomorfismo	Solo	Vegetação	Uso da terra
1	Encosta rochosa	Afloramento rochoso	Semideserto com bromélias e cactos	-
2	Pedimento	Planossolo Háplico	Arbustal micrófilo aberto decíduo	Pecuária extensiva
3			Floresta micrófila baixa aberta decídua	Pecuária extensiva
4		Neossolo Litólico	Floresta micrófila muito baixa aberta decídua	Pecuária extensiva
5	Tálus	Neossolo Litólico	Floresta micrófila aberta decídua	Pecuária extensiva

geomorfológica (ou instabilidade moderada). Logo, um geomorfismo é a unidade de referência sobre a qual se distribuem os solos e a vegetação.

Utilizando dados temáticos, pode-se sobrepor várias informações em ambiente SIG para construir um quadro de correlação com base na coincidência espacial dos diferentes temas (geologia, clima, geomorfologia, solos, vegetação, uso da terra etc.). O uso dessa técnica é particularmente útil para uma aproximação inicial sobre a diversidade de paisagens da área de estudo.

Durante a construção de um quadro baseado em dados temáticos, deve-se ter o cuidado para diferenciar subunidades. Por exemplo, caso uma mesma unidade geológica apresente duas unidades geomorfológicas diferentes, isso deve constar no quadro. Caso uma dessas unidades geomorfológicas apresente dois tipos vegetais, isso também deve entrar como subunidades.

Outra questão relevante é a escolha da informação que comporá o quadro. Nas tabelas de atributos dos dados governamentais, muitas vezes os arquivos apresentam diferentes informações. O quadro de correlação deve conter algo que seja autoexplicativo do fenômeno em questão. Por exemplo, simplesmente indicar Complexo Vertentes não torna o quadro autoexplicativo. O correto seria: ortognaisses do Complexo Vertentes.

Este capítulo examinou alguns dos principais elementos, estratégias e ferramentas para a cartografia de paisagens, e, com base nele, é possível compreender que:

- a investigação preliminar e a elaboração de um mapeamento prévio são essenciais antes de ir a campo;
- a elaboração de um relatório é fundamental para discutir as informações apresentadas pelo mapa final;
- as diferentes ferramentas se complementam para uma melhor compreensão da diversidade paisagística.

4 Descrições de campo

Como visto anteriormente, é possível utilizar diversos recursos para a cartografia de paisagens. Em muitos casos, não é preciso sequer ir a campo, em razão da boa qualidade dos dados temáticos e da alta resolução das imagens de satélite ou das fotografias aéreas disponíveis. Contudo, para a elaboração de mapas detalhados a ultradetalhados, é preciso seguir um conjunto de etapas e subetapas que vão desde o planejamento do serviço de campo até a confecção da carta (Quadro 4.1).

No capítulo anterior, foi dito que uma etapa inicial do mapeamento consiste em diferenciar as principais unidades de paisagem por meio da interpretação de dados temáticos. Nesse sentido, a descrição de campo para a cartografia de paisagens baseia-se numa amostragem estratificada.

O ideal é que se realize ao menos uma observação para cada unidade mapeada em laboratório. Contudo, unidades maiores demandam mais de uma observação, pois podem conter diferenciações. Além disso, antes de descrever a paisagem em campo, é necessário pensar sobre a unidade amostral. Pode-se utilizar transectos (por exemplo, 2 m × 50 m), linhas ou parcelas (recomendado).

No caso das parcelas, sua dimensão pode variar conforme o ambiente. Por exemplo, é possível usar 20 m × 50 m para o cerrado, 50 m × 50 m para a Amazônia e 10 m × 20 m ou 20 m × 20 m para a caatinga. Numa abordagem quantitativa, pode-se inserir parcelas menores (por exemplo, 1 m × 1 m) dentro das parcelas maiores, para medir a cobertura e/ou a frequência de espécies herbáceas.

Um ponto importante a considerar sobre a descrição é sua quantificação. O pesquisador pode achar interessante mensurar

Quadro 4.1 Etapas da cartografia de paisagens

Etapa	Subetapas	Equipamentos
Escolha da área e mapa prévio	1) Seleção da área de estudo. 2) Elaboração de um mapa-rascunho	Imagens aéreas e/ou orbitais, cartas topográficas, SIG
Descrições físico-geográficas completas	1) Seleção das áreas de controle. 2) Elaboração de um roteiro de campo. 3) Descrições completas do potencial natural, da atividade biológica e do uso da terra	Lápis, ficha de campo, receptor GPS, bússola, altímetro, trena, pá, enxada e/ou trado, carta de cores de solos, máquina fotográfica, roteiro de campo
Descrições físico-geográficas simples	1) Cobertura das áreas não visitadas. 2) Descrições das geoformas e da vegetação	Os mesmos utilizados na etapa de descrições físico-geográficas completas
Tabulação dos dados	1) Tabulação dos dados em computador. 2) Construção da legenda do mapa (quadro de correlação)	Programa para trabalhar em planilhas
Confecção da carta de paisagens	1) Plotagem dos pontos sobre imagens de satélite, fotografias aéreas e/ou curvas de nível. 2) Vetorização	SIG

número, largura, comprimento e profundidade de cicatrizes erosivas, diâmetro à altura do peito (ou à altura do solo) para vegetação, bem como altura e número de indivíduos. Essas medidas são fundamentais caso a pesquisa envolva questões que não possam ser resolvidas apenas pela cartografia.

Contudo, caso o objetivo seja compreender o arranjo espacial das diferenças fisionômicas da paisagem, pode-se assumir uma descrição mais qualitativa sem prejuízo para fins de cartografia de paisagens. Nesse sentido, é possível simplesmente registrar observações sobre a presença de cicatrizes erosivas, e a vegetação pode ser descrita com métodos mais rápidos, utilizando escalas de cobertura e abundância.

Em seguida, inicia-se a etapa das descrições de campo, que consiste na observação e no registro de atributos do potencial natural (formas de relevo, formações superficiais, drenagem), da atividade biológica (vegetação e solos) e da apropriação cultural (uso da terra).

A descrição de campo pode ser de dois tipos: completa ou simples. Qualquer atividade de cartografia de paisagens inicia-se com a elaboração de descrições completas, consistindo em observações mais detalhadas, com controle seletivo dos locais a serem observados, de modo a se obter um reconhecimento da maior diversidade possível de paisagens da área que está sendo mapeada.

O controle desses locais é realizado por meio de carta topográfica e imagem de satélite. É preciso tentar contemplar a maior diversidade possível de unidades de paisagem e considerar as melhores rotas/estradas até os pontos. Só após a escolha de pontos de controle é que se iniciam as descrições completas.

As descrições simples são realizadas com o objetivo de adensar a malha de observações e auxiliar na diferenciação dos limites entre as paisagens, sendo elaborada de modo a cobrir áreas ainda não mapeadas. Nessa fase, as observações são realizadas de maneira expedita, sendo necessário indicar apenas a geoforma local e a vegetação.

A seguir, são apresentados dois protocolos, um quantitativo e outro qualiquantitativo, com ênfase na caatinga. O protocolo quantitativo é sugerido para a descrição de campo quando se pretende tratar os dados estatisticamente para outras finalidades além da cartografia de paisagens e inclui seis passos:

1 Selecionar uma área homogênea em termos de rochosidade, pedregosidade, coloração da superfície e posição no relevo e registrar o número da parcela, o local e a data.
2 Delimitar uma parcela de 10 m × 20 m. No centro da parcela, registrar as coordenadas geográficas. Também se deve registrar o índice de aridez, a geologia e a geomorfologia

(conforme respectivos mapas), a pedregosidade, a rochosidade, a posição no relevo, a drenagem, os sinais de erosão e o uso da terra.

3 Registrar qualquer indivíduo lenhoso com diâmetro ao nível do solo (DAS) ≥ 3 cm. Deve-se registrar as seguintes informações: número do indivíduo, espécie, altura e perímetro ao nível do solo (PAS).

4 Dentro da parcela de 10 m × 20 m, delimitar duas parcelas com 1 m × 1 m cada e registrar a cobertura e a frequência dos indivíduos herbáceos.

5 Cavar 50 cm no centro da parcela e diferenciar e descrever os horizontes de solo considerando: a profundidade inicial e final do horizonte, a cor, o mosqueado, a textura, a estrutura e outros elementos (plintita, petroplintita, cerosidade, fraturas, superfícies de fricção, porcentagem da estrutura da rocha original e porcentagem de minerais primários alteráveis). Depois, classificar os horizontes identificados e a ordem do solo, e, se possível, também a subordem.

6 Caso necessário, coletar e prensar plantas desconhecidas para posterior identificação. Registrar informações: altura, forma de crescimento, município, número da parcela onde a planta foi coletada e coordenadas geográficas.

Para outros domínios de natureza, sugere-se adequar o terceiro passo considerando as recomendações da Sociedade Botânica do Brasil para o critério de inclusão de indivíduos lenhosos e para a altura de sua medição (Moro; Martins, 2011, p. 184).

O protocolo qualiquantitativo é sugerido para a descrição de campo quando o objetivo é simplesmente a cartografia de paisagens, isto é, quando não se pretende tratar os dados estatisticamente para outras finalidades, e inclui cinco passos:

1 Selecionar uma área homogênea em termos de rochosidade, pedregosidade, coloração da superfície e posição no relevo e registrar o número da parcela, o local e a data.

2 Delimitar uma parcela de 10 m × 20 m. No centro da parcela, registrar as coordenadas geográficas. Também se deve registrar o índice de aridez, a geologia e a geomorfologia (conforme respectivos mapas), a pedregosidade, a rochosidade, a posição no relevo, a drenagem, os sinais de erosão e o uso da terra.
3 Registrar todas as espécies de plantas. Para cada espécie, indicar seu valor na escala de cobertura e abundância e a altura do maior indivíduo.
4 Cavar 50 cm no centro da parcela e diferenciar e descrever os horizontes de solo considerando: a profundidade inicial e final do horizonte, a cor, o mosqueado, a textura, a estrutura e outros elementos (plintita, petroplintita, cerosidade, fraturas, superfícies de fricção, porcentagem da estrutura da rocha original e porcentagem de minerais primários alteráveis). Depois, classificar os horizontes identificados e a ordem do solo, e, se possível, também a subordem.
5 Caso necessário, coletar e prensar plantas desconhecidas para posterior identificação. Registrar informações: altura, forma de crescimento, município, número da parcela onde a planta foi coletada e coordenadas geográficas.

A seguir, será detalhado cada um dos critérios utilizados na descrição de campo. Embora haja leve ênfase nas paisagens do domínio das caatingas, os critérios são aplicáveis e facilmente adaptáveis às diferentes paisagens do Brasil.

4.1 POTENCIAL NATURAL

Em campo, o potencial natural de uma paisagem pode ser descrito primariamente a partir das características do meio físico: formas de relevo, seu substrato e regime de drenagem.

4.1.1 Pedregosidade

Proporção da área observada coberta com fragmentos de rocha com diâmetro inferior a 25 cm. Pode ser inferida com base nas seguintes classes: ausente, pouco pedregosa (1% a 25%), pedregosa (25% a 50%), muito pedregosa (50% a 75%) e extremamente pedregosa (> 75%).

4.1.2 Rochosidade

Proporção da área observada ocupada por afloramento rochoso e/ou fragmentos de rocha grandes, com diâmetro superior ou igual a 25 cm. Pode ser inferida consederando-se as seguintes classes: ausente, pouco rochosa (1% a 25%), rochosa (25% a 50%), muito rochosa (50% a 75%) e extremamente rochosa (> 75%).

4.1.3 Posição no relevo

É definida ao observar se o segmento de relevo descrito situa-se na parte superior, intermediária ou inferior do relevo, se está no topo ou se é um canal, por exemplo. Desse modo, são aceitas as seguintes categorias de posição: topo, encosta superior, meia encosta, encosta inferior, base e canal (Fig. 4.1). Caso seja difícil determinar a posição na encosta, pode-se utilizar os termos *encosta* ou *encosta simples*.

A base define-se por um relevo suave, enquanto a encosta inferior assume um declive moderado ou mais inclinado. Do mesmo modo, pode-se denominar patamar uma seção da encosta com declive suave e que não é a base, como se fosse um degrau.

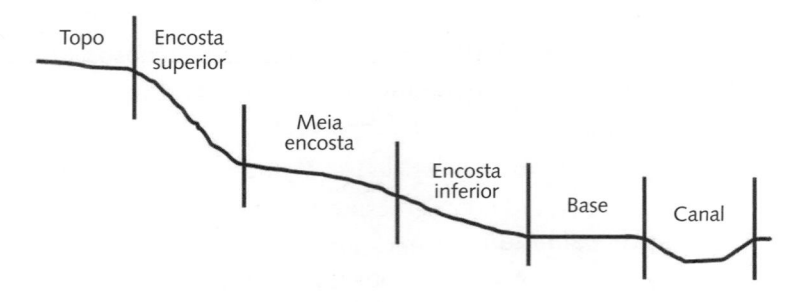

Fig. 4.1 *Diferentes posições dos segmentos de relevo*

4.1.4 Declividade

Representa a inclinação do relevo e geralmente é expressa em graus ou porcentagem (Tab. 4.1). Esse atributo é importante na inferência de processos relacionados com a circulação de água, sedimentos, nutrientes e outras substâncias. Além disso, o grau de declividade marca o predomínio de processos acumulativos ou erosivos, uma vez que é mais difícil que haja acumulação em declives superiores a 45°. No campo, a declividade pode ser inferida observando-se o desnível entre o ponto mais alto e o mais baixo da parcela.

Tab. 4.1 Classes de declividade

Classe	Grau
Suave	Até 5°
Moderada	5° a 20°
Forte	20° a 45°
Muito forte	> 45°

4.1.5 Geomorfismos

A ideia de geomorfismo combina formas de relevo e a composição predominante do substrato. A seguir, são apresentadas sete categorias de geomorfismo para o semiárido brasileiro. Essas categorias são detalhadas em 18 tipos de geoformas e mais 18 subtipos conforme Cavalcanti, Lira e Corrêa (2016) (Fig. 4.2).

Modelados de acumulação coluvial

- *Tálus*: depósito de encosta com ocorrência comum de matacões, podendo ocorrer também afloramentos rochosos. Como regra, está posicionado numa encosta e possui rochosidade superior a 15%.
- *Colúvio*: depósito de encosta com predominância de granulometria até areia grossa e normalmente com pedregosidade e rochosidade inferiores a 15%. Em geral, ocorre na baixa encosta.

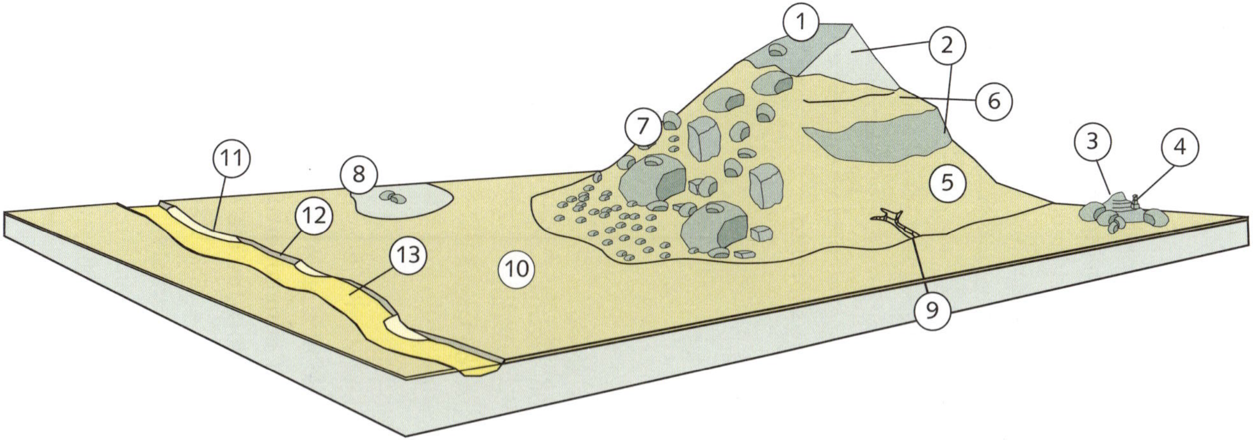

Fig. 4.2 Tipologia de geoformas para o semiárido brasileiro: 1 – encosta rochosa; 2 – escarpa rochosa; 3 – blocos residuais (nubbins); 4 – torre (tor); 5 – rampa/sopé coluvial; 6 – patamar; 7 – tálus; 8 – pedimento; 9 – ravina; 10 – pedimento com cobertura arenosa; 11 – barra fluvial; 12 – banco de solapamento; 13 – leito arenoso

Fonte: Cavalcanti, Lira e Corrêa (2016).

Modelados residuais
- *Torres* (tors): sequência de matacões empilhados, formando uma coluna.
- *Blocos residuais* (nubbins): amontoados de matacões e afloramentos rochosos que ocorrem em área de pedimento/pediplano. Apresenta rochosidade superior a 50%.
- *Lajedo*: afloramento rochoso com proporção de matacões inferior a 50%. Pode ocorrer no interior de modelados de dissecação ou aplanamento.
- *Alcovas*: reentrâncias na rocha, formando uma cavidade. Geralmente é resultado de erosão por infiltração.
- *Encostas eluviais*: encostas com declive entre 5° e 45° em que o substrato é composto de saprólito.

Modelados de aplanamento
- *Pedimentos*: declives com menos de 5° na porção mais baixa do relevo, precedendo canal de drenagem, terraço ou planície de inundação. Podem ser rochosos (lajedo em área pedimentar), com cobertura arenosa, com cobertura pelítica (textura siltosa, média e/ou argilosa) ou detríticos (pedregosidade superior a 15%). Neste último caso, também é chamado de pavimento desértico ou *hamada*.

Modelados em patamares
- *Patamar*: declive com menos de 5° que ocorre de forma escalonada em média ou alta encosta. Pode ser rochoso (lajedo em área pedimentar), com cobertura arenosa, com cobertura pelítica (textura siltosa, média e/ou argilosa) ou detrítico (pedregosidade superior a 15%). Neste último caso, também é chamado de *pavimento desértico* ou *hamada*.

Modelados de acumulação fluvial
- *Planície fluvial*: declive com menos de 5° adjacente a um rio e caracterizado por sedimentos provenientes de inundação.

Pode ser classificada como planície de inundação (cheia sazonal) ou planície alagada (permanentemente inundada).
- *Terraço fluvial:* declive com menos de 5° e limite marcado por uma escarpa ou ruptura de declive. Ocorre em área não sujeita a cheia sazonal.
- *Barra arenosa:* acúmulo de sedimento ao longo de canal fluvial. Pode ser classificada como barra lateral (ocorre na margem do canal), longitudinal (ocorre no meio do canal) ou de confluência (ocorre na confluência de dois canais). Também pode ser subclassificada como arenosa ou cascalhosa (pedregosidade inferior a 15%).
- *Leito:* unidade de acúmulo de sedimentos no fundo do canal, podendo ser classificado como arenoso (textura arenosa), pelítico (textura siltosa, média ou argilosa) ou pedregoso (pedregosidade superior a 15%).

Modelados de erosão fluvial

- *Cicatrizes de colapso de solo:* ocorrem no interior de terrenos inundáveis. Formam-se pelo solapamento subsuperficial, com posterior colapso do terreno, podendo gerar feições circulares ou alongadas.
- *Caldeirão:* também conhecido como tanque ou marmita de dissolução, forma-se pela erosão do leito rochoso, geralmente em áreas de fraturamento. Pode ser posteriormente preenchido.
- *Soleira (leito rochoso):* leito com rochosidade superior a 15%.
- *Banco de solapamento:* também conhecido como margem erosiva, corresponde à porção erodida da margem do canal, geralmente com declive superior a 45°.

Modelados de erosão pluvial

- *Cicatriz de erosão:* feição erosiva linear de largura e profundidade variáveis. O ideal é anotar seu comprimento, largura e profundidade.

4.1.6 Drenagem

O regime de drenagem refere-se ao modo como a água entra no substrato e, principalmente, a seu tempo de permanência ao longo do ano. A proposta a seguir baseia-se no modelo do IBGE (2007, p. 196-197):

- *Regime excessivamente drenado*: a água é removida muito rapidamente do substrato. Ocorre geralmente em litotipos de textura arenosa.
- *Regime fortemente drenado*: a água é removida rapidamente do substrato. Ocorre geralmente em litotipos muito porosos, de textura média a arenosa.
- *Regime bem drenado*: a água é removida do substrato com facilidade, porém não rapidamente. Os litotipos com esse regime de drenagem apresentam textura argilosa ou média e sem a ocorrência de mosqueados de redução. Os mosqueados, caso ocorram, são profundos (mais de 150 cm de profundidade).
- *Regime moderadamente drenado*: nesse caso, a água é removida lentamente do litotipo, que permanece pouco tempo molhado, embora isso tenha efeitos significativos, como a formação de mosqueados de redução. Geralmente, isso ocorre em virtude da oscilação periódica do nível freático.
- *Regime imperfeitamente drenado*: nesse regime, o litotipo permanece molhado por um período bastante significativo (mas não durante a maior parte do ano), suficiente para assumir efeitos de redução, como a existência de algum mosqueado e cor acinzentada na parte inferior em razão da presença do nível freático.
- *Regime mal drenado*: o substrato permanece molhado em grande parte do ano e o nível freático é visível na superfície ou está próximo a ela.
- *Regime muito mal drenado*: similar ao anterior, mas a água permanece estagnada durante a maior parte do ano. Ocorre geralmente em áreas muito planas ou em depressões no terreno.

4.1.7 Rocha

Se o litotipo for constituído por material rochoso, deve-se diferenciar se a rocha é cristalina ou sedimentar. No caso das rochas cristalinas (ígneas ou metamórficas), é possível destacar sua cor predominante (escura, clara ou intermediária), que pode indicar uma composição básica, ácida ou intermediária. Em se tratando de rochas sedimentares, é interessante destacar sua natureza carbonática ou siliciclástica. Caso se deseje maior detalhamento, sugerem-se as chaves para a descrição de minerais e de rochas apresentadas por Menezes (2012, 2013).

4.2 ATIVIDADE BIOLÓGICA

Os principais aspectos fisionômicos da atividade biológica são as formações vegetais e os solos. Embora os processos pedogenéticos não sejam todos relacionados à atividade biológica, a formação do solo depende dela, não se restringindo apenas ao potencial natural.

4.2.1 Vegetação

A vegetação compreende o conjunto estrutural, fisionômico e florístico de um determinado local. Os seguintes atributos são importantes para o registro da vegetação: estrato, composição florística, formas de crescimento, dominância e cobertura vegetal.

A descrição da vegetação varia se a abordagem escolhida for quantitativa ou qualiquantitativa. Numa *abordagem quantitativa*, deve-se:
- Registrar o perímetro ao nível do solo (ou o perímetro à altura do peito) e a altura de cada indivíduo lenhoso dentro da área de observação e do critério de inclusão, que para a caatinga é possuir diâmetro ao nível do solo superior ou igual a 3 cm. Para mais detalhes, sugerem-se as recomendações da Sociedade Botânica do Brasil (Felfili et al., 2011);
- Registrar a cobertura e a frequência por espécie para parcelas herbáceas (1 m × 1 m).

O problema da abordagem quantitativa para a cartografia de paisagens é que ela aumenta consideravelmente o tempo da descrição de cada parcela. Isso demanda um tempo maior para o recobrimento da área de estudo, bem como mais recursos.

Para fins de cartografia de paisagens, mais usual e prática é a *abordagem qualiquantitativa*, em que é necessário proceder do seguinte modo:

- Identificar todas as espécies da parcela (lenhosas e herbáceas) e registrar, para cada espécie, a altura do indivíduo mais alto e o valor de cobertura e abundância.
- Determinar a fitofisionomia em função das formas de crescimento com maior valor de cobertura e abundância.
- Determinar o nome da vegetação, incluindo a fitofisionomia e os gêneros com valor de cobertura e abundância superior ou igual a 2.

Embora essa abordagem qualiquantitativa seja menos dispendiosa de tempo e recursos, seu principal problema é sua restrição para tratamento estatístico, por se tratar de dado categórico (Podani, 2006). Isso dificulta a integração da cartografia de paisagens com estudos fitossociológicos mais específicos.

Estrato

Toda vegetação organiza-se como um edifício, em andares, e cada um desses andares, denominados *estratos*, abriga processos ecológicos bem específicos. Em geral, distinguem-se quatro estratos vegetais: dossel, subdossel (ou sub-bosque), piso florestal e estrato emergente (Fig. 4.3). O registro da altura dos indivíduos tem como propósito caracterizar os estratos da vegetação.

No *piso florestal*, encontram-se as plantas herbáceas (com ausência de lenhosidade), como as gramíneas e similares, e a matéria orgânica em decomposição, a cobertura morta, também denominada serrapilheira ou liteira.

Fig. 4.3 *Estratos da vegetação*

Acima do piso florestal encontra-se o *sub-bosque* ou *subdossel*. Nesse andar (estrato), são comuns espécies de menor porte, geralmente arbustos (espécies lenhosas sem um tronco principal), mas pode haver também pequenas árvores (espécies lenhosas com um tronco principal).

Acima do sub-bosque encontra-se o *dossel*, que reúne o conjunto de espécies mais altas de uma vegetação, geralmente árvores ou arbustos mais altos. As espécies que ocorrem isoladas, acima do dossel, compõem o que se denomina de *estrato emergente*, a porção da floresta que apresenta os ventos mais fortes e as maiores taxas de insolação.

Em ambientes florestais mais simples, pode haver a ausência de um, dois ou até três estratos, enquanto em ambientes mais complexos é possível identificar mais de um dossel e/ou mais de um sub-bosque.

Composição florística
Esse atributo inclui a indicação das espécies, gêneros e/ou famílias de plantas que ocorrem na parcela observada. Nesse

sentido, é importante ir a campo com uma lista das principais espécies que ocorrem na região estudada. O ideal é utilizar algum guia de campo com fotos das espécies mais comuns. Caso seja necessário, devem-se coletar espécies para posterior identificação.

Escala de cobertura e abundância (dominância)
Trata-se de uma proposta qualiquantitativa para indicar a cobertura e a abundância de determinada espécie na área observada (Tab. 4.2). Sua aplicação permite distinguir as espécies dominantes em cada parcela. As espécies dominantes são as mais importantes do ponto de vista do funcionamento da paisagem, geralmente controlando a distribuição de luz, a energia, a produtividade e a fitomassa (Walter, 1986).

A determinação da dominância das espécies foi estabelecida por Braun-Blanquet, segundo o qual cada espécie recebe um valor de dominância, que é definido considerando os critérios de

Tab. 4.2   Valor de cobertura e abundância de espécies vegetais

Valor	Descrição	Cobertura vegetal
5	Qualquer número de indivíduos cobrindo mais que 3/4 da área observada.	> 75%
4	Qualquer número de indivíduos cobrindo entre 1/2 e 3/4 da área observada.	50-75%
3	Qualquer número de indivíduos cobrindo entre 1/4 e 1/2 da área observada.	25-50%
2	Qualquer número de indivíduos cobrindo entre 1/20 e 1/4 da área observada.	5-25%
1	Muitos indivíduos juntos que cobrem menos que 1/20 da área observada ou dispersos que cobrem até 1/20 da área observada.	< 5%
+	Poucos indivíduos com pequena cobertura.	
r	Um único indivíduo com pequena cobertura.	

Fonte: Mueller-Dombois e Ellenberg (1974).

cobertura e abundância das espécies. Para espécies com cobertura superior a 5%, utiliza-se o valor de cobertura, e, para espécies com cobertura inferior a 5%, utiliza-se o valor de abundância. Valores 4 ou 5 são raros em áreas de flora heterogênea e pouca cobertura, como a caatinga.

O valor de dominância serve para indicar o nome de uma vegetação. Isachenko (1998) sugere que apenas as espécies com valor de dominância igual ou superior a 2 devem ser especificadas na denominação da vegetação, junto com outras características, como forma de crescimento e cobertura vegetal.

Forma de crescimento

A forma de crescimento refere-se ao hábito de um indivíduo vegetal e se define pelos critérios de lenhosidade, sustentação e ramificação (Fig. 4.4). Uma planta que não possui lenho (madeira) é denominada erva ou herbácea.

Se uma planta é lenhosa, deve-se avaliar seu grau de sustentação. Quando não possui sustentação e precisa se pendurar em outras, é denominada *liana* ou *cipó*. Se a possuir, pode ser chamada de arbusto, quando não tiver um tronco principal, ramificando-se a partir da base, ou de árvore, quando tiver um fuste, ou seja, um tronco principal.

Outras formas de crescimento incluem: palmeiras, cactos, bromélias e agaves.

Fitofisionomia

Uma das formas mais rápidas de classificar a vegetação é por meio de uma nomenclatura das fitofisionomias, que compreendem a forma de crescimento mais comum na parcela observada. A seguir, apresenta-se uma proposta simples com cinco tipos principais de fitofisionomia e vários subtipos inspirada em Oliveira-Filho (2015):

- *Arbórea*: dominam árvores. São subclassificadas quanto a altura, cobertura, folhagem e fisiologia, entre outros elementos:

Herbácea
(não possui lenho)

Arbustiva
(não possui tronco principal, ramifica a partir da base)

Arbórea
(possui tronco principal)

Fig. 4.4 *Formas de crescimento da vegetação*

- ❖ quanto à altura, uma arbórea pode ser classificada como *muito baixa* (até 5 m), *baixa* (5 m a 20 m), *alta* (20 m a 30 m) ou *muito alta* (> 30 m);
- ❖ quanto à cobertura, pode ser classificada como *aberta* (copas não se tocam) ou *densa* (copas se interpenetram);
- ❖ quanto à folhagem, pode ser *aciculifoliada* (dominam árvores de folhas que parecem agulhas, como no caso dos pinheiros), *latifoliada* (dominam árvores de folhas largas não esclerófilas), *micrófila* (dominam árvores não esclerófilas de folhas pequenas e/ou limbo foliar composto ou duplamente composto lembrando folhas miúdas), *esclerófila* (dominam árvores de folhas rígidas, duras) ou *mista* (quando dois ou mais tipos de folhagem ocorrem nas árvores dominantes);
- ❖ quanto à fisiologia, pode ser *perene* (árvores mantêm as folhas mesmo na estação seca), *decídua* (árvores perdem completamente as folhas) ou *semidecídua* (árvores perdem apenas parte das folhas na estação seca);
- ❖ quanto aos outros elementos, destaca-se a representatividade de estruturas espinescentes (acúleos, espinhos ou

tricomas rígidos ou não), caso em que se usa o complemento "espinescente", e a presença de palmeiras (usa-se "com palmeiras"), cactos ("com cactos") ou bromélias ("com bromélias"), e assim por diante. Só se deve utilizar esses complementos caso a dominância do elemento em questão seja igual ou superior a 2.

- *Arbustiva*: dominam arbustos. São subclassificadas quanto a densidade, folhagem e fisiologia:
  ❖ quanto à densidade, uma arbustiva pode ser classificada como *aberta* (arbustos distantes) ou *densa* (arbustos muito próximos a ponto de se tocarem);
  ❖ quanto à folhagem dos arbustos dominantes, pode ser *aciculifoliada* (dominam arbustos de folhas que parecem agulhas, como no caso dos pinheiros), *latifoliada* (dominam arbustos de folhas largas não esclerófilas), *micrófila* (dominam arbustos não esclerófilos de folhas pequenas e/ou limbo foliar composto ou duplamente composto lembrando folhas miúdas; como regra, folhas, folíolos ou folíolulos devem possuir comprimento inferior a 7,5 cm), *esclerófila* (dominam arbustos de folhas rígidas, duras) ou mista (quando dois ou mais tipos de folhagem ocorrem nos arbustos dominantes);
  ❖ quanto à fisiologia, pode ser *perene* (mantém as folhas mesmo na estação seca), *decídua* (perde completamente as folhas na estação seca) ou *semidecídua* (perde apenas parte das folhas na estação seca);
  ❖ quanto aos outros elementos, destaca-se a representatividade de estruturas espinescentes (acúleos, espinhos ou tricomas rígidos ou não), caso em que se usa o complemento "espinescente", e a presença de palmeiras (usa-se "com palmeiras"), cactos ("com cactos") ou bromélias ("com bromélias"), e assim por diante. Só se deve utilizar esses complementos caso a dominância do elemento em questão seja igual ou superior a 2.

- *Herbácea:* dominam herbáceas perenes. São subclassificadas quanto a densidade e presença de elementos lenhosos.
  - ❖ quanto à densidade, uma herbácea pode ser classificada como *aberta* (há espaço entre ervas, de modo que algumas não se tocam e é possível ver o substrato) ou *densa* (ervas se interpenetram e não se pode ver o substrato com facilidade);
  - ❖ quanto à presença de elementos lenhosos, pode ser *mista* (quando ocorrem elementos lenhosos muito espaçados) ou *simples* (sem a presença de elementos lenhosos).
- *Gramíneo-Lenhosa:* não há dominância clara de herbáceas ou elementos lenhosos (árvores e/ou arbustos). É comum apresentar um tapete herbáceo contínuo com elementos lenhosos também importantes fisionomicamente. São subclassificadas principalmente em função dos elementos lenhosos dominantes: gramíneo-lenhosa arbórea (dominância de árvores), gramíneo-lenhosa arbustiva (dominância de arbustos), gramíneo-lenhosa arbóreo-arbustiva (dominância de árvores e arbustos).

  Como critério para diferenciar uma herbácea mista de uma gramíneo-lenhosa, os elementos lenhosos, juntos, devem possuir dominância igual ou superior a 2. Caso o valor de dominância das lenhosas seja inferior ou igual a 1, trata-se de uma herbácea mista. Quando o principal elemento não herbáceo são palmeiras em vez de árvores ou arbustos, pode-se denominar a fitofisionomia de *palmeiral*.
- *Deserto:* fitofisionomia com cobertura total inferior a 25% durante a maior parte do ano e predomínio de ervas anuais (*deserto brevifólio*) ou arbustos anões (*deserto arbustivo*), com cobertura de todos os indivíduos inferior a 25%. No caso do deserto brevifólio, a cobertura de ervas anuais pode superar 25% por um determinado período do ano. Quando a formação é constituída por plantas anuais e perenes com fases de dormência subterrânea, é denominada *semideserto alternifólio*.

Quando plantas perenes esclerófilas (por exemplo, bromélias) e/ou suculentas (por exemplo, cactos) são dominantes, mas não satisfazem os critérios para arbórea, arbustiva, herbácea ou gramíneo-lenhosa, tem-se um dos seguintes tipos de deserto: esclerófilo, suculento ou esclerófilo-suculento. Esses tipos podem, inclusive, apresentar cobertura superior a 25%. Tanto nos desertos como nos semidesertos, árvores e arbustos podem ocorrer muito raramente e com pouca expressão fisionômica (dominância igual ou inferior a 1).

4.2.2 Solo

O solo é o conjunto dos materiais orgânicos e/ou minerais superficiais e subsuperficiais que servem como meio para o crescimento das plantas (IBGE, 2007). Em campo, para fins de cartografia de paisagens, é possível abrir pequenas trincheiras ou utilizar barrancos em estradas para a inspeção do solo. Esse procedimento fornecerá um conjunto de informações gerais do solo na paisagem estudada. Os procedimentos dessa inspeção são os seguintes:

1 Selecionar uma área próxima ao transecto da vegetação ou, caso se esteja utilizando parcelas, ir ao centro da parcela.
2 Cavar cerca de 50 cm.
3 Usando uma faca, traçar os limites entre os diferentes horizontes de solo que for possível distinguir em função da cor e da resistência à penetração da faca. Atentar para o fato de que a profundidade das raízes pode indicar diferenças no solo.
4 Para cada horizonte, anotar sua profundidade inicial e final, a cor (e o mosqueado, se houver), a textura, a estrutura e outros elementos relevantes.
5 Após a descrição dos horizontes, determinar os horizontes diagnósticos (usar o Quadro 4.2).
6 Com base nos horizontes diagnósticos, definir a ordem do solo (usar o Quadro 4.3).

Quadro 4.2 Horizontes diagnósticos dos solos

Horizontes diagnósticos	Descrição
H	Horizonte ou camada superficial ou subsuperficial constituído por material orgânico associado a drenagem imperfeita a muito mal drenada.
Plíntico	Horizonte mineral subsuperficial com mais de 15% de plintita e espessura de pelo menos 15 cm. Textura francoarenosa ou mais fina, estrutura maciça ou em blocos. Possui matriz com matiz de 2,5Y a 5Y ou 10YR a 7,5YR e croma geralmente ≤ 4, podendo chegar a 6 no caso de 10YR. Ocorre em condições de drenagem moderada a imperfeita.
Litoplíntico	Horizonte mineral subsuperficial com pouca ou nenhuma matéria orgânica e petroplintita com espessura de pelo menos 10 cm. Ocorre em condições de drenagem moderada a imperfeita.
Concrecionário	Presença de 50% ou mais de petroplintita. Ocorre em condições de drenagem boa a muito mal drenada. Deve apresentar mais de 30 cm de espessura para ser diagnóstico.
B textural Bt	Horizonte B com textura francoarenosa ou mais fina e conteúdo de argila maior que aquele do horizonte A. Não satisfaz os requisitos para os horizontes plíntico, glei, vértico e Bi.
B plânico	B textural subjacente a A ou E com mudança textural abrupta. Estrutura maciça, em blocos angulares a subangulares, colunar ou prismática. Matiz 10YR ou mais amarelo e croma ≤ 3 (raramente 4) ou matiz 7,5YR ou 5YR e croma ≤ 2. Ocorre em áreas de drenagem imperfeita a muito mal drenada.
B incipiente Bi	Horizonte B de textura francoarenosa ou mais fina, com espessura entre 10 cm e 50 cm e presença de no mínimo 4% de minerais primários alteráveis (por exemplo, mica ou feldspato). Estrutura da rocha ausente em mais de 50% de seu volume.
B espódico	Horizonte B com menos de 2,5 cm formado pela iluviação de matéria orgânica e complexos organometálicos. Estrutura em grãos simples ou maciça. Precedido por horizonte A ou E (álbico ou não). Pode possuir cores de matiz 5YR ou mais vermelho; 7,5YR com valor ≤ 5 e croma ≤ 4; 10YR com valor e croma ≤ 3; ou cores neutras com valor ≤ 3 (N3/).

Quadro 4.2 (continuação)

B latossólico	Horizonte B sem diferença textural em relação ao horizonte A sobrejacente e textura francoarenosa ou mais fina, com poucos teores de silte. Pouca diferenciação de horizontes e espessura mínima de 50 cm. Estrutura granular ou em blocos subangulares. Menos de 4% de minerais primários alteráveis (por exemplo, mica e feldspato) e menos de 5% de seu volume constituído pela rocha original. Cerosidade fraca ou ausente.
A chernozêmico	Horizonte A com cor de croma ≤ 3 e valores variando de 3 (úmido) a 5 (seco). Estrutura bem desenvolvida. Espessura: ≥ 10 cm se estiver diretamente sobre contato lítico; 25 cm para solos com mais de 75 cm de profundidade; ou 1/3 do solum caso possua menos de 75 cm de profundidade. A diferença entre um A chernozêmico e um A proeminente é que o primeiro possui saturação por bases ≥ 65%.
Vértico	Horizonte mineral subsuperficial com textura argilosa com fendas maiores que 1 cm em algum momento do ano. Apresenta superfícies de fricção (slickensides) e/ou possui unidades estruturais ou paralelepipédicas com inclinação ≥ 10° em relação ao eixo horizontal. Pode ser um horizonte AB, Bi, Bt ou C.
B nítico	Horizonte B, não hidromórfico, com espessura mínima de 30 cm ou apenas 15 cm se o solo apresentar contato lítico até 50 cm de profundidade. Textura argilosa. Precedido por horizonte A também de textura argilosa. Estrutura em blocos ou prismática com a presença de cerosidade. Geralmente ocorre em condições de boa drenagem.
Glei	Horizonte mineral subsuperficial e ocasionalmente superficial com pelo menos 15 cm de espessura. Um horizonte glei pode ser um horizonte C, B, E, H ou A (exceto A fraco). Dominam cores neutras (N1/ a N8/), mais azul que 10Y ou mais vermelho que 5YR e valor ≥ 4 e croma ≤ 1. Para matizes mais vermelhos que 5YR ou mais amarelos e valor ≥ 4, o croma deve ser ≤ 2. Ocorre em condições de drenagem imperfeita a muito mal drenada. Possui menos de 15% de plintita.

Fonte: IBGE (2007).

Durante as inspeções, muitos perfis apresentarão características similares, possivelmente por se tratar de uma mesma ordem de solo. É importante que, depois das inspeções, sejam realizadas descrições completas dos solos em áreas que se mostraram típicas e representativas de um determinado conjunto inspecionado. Nesse sentido, é necessário:

1 Determinar porções da área de estudo com o mesmo padrão observado na inspeção dos solos.

2 Abrir trincheiras representativas de cada padrão observado para a descrição completa dos solos, incluindo coleta para análises físicas e químicas.

Os elementos essenciais para a inspeção e a classificação primária dos solos são descritos a seguir.

Horizonte/camada

É a unidade formada pela ação de processos pedogenéticos específicos. De acordo com sua composição, o horizonte pode ser caracterizado em dois tipos: mineral (recebe as designações A, B, E e F) e orgânico (O e H). Uma camada que possa ser distinguida no perfil e que não tenha sido afetada por processos pedogenéticos (ou com pedogênese insuficiente) é designada pela letra C, podendo também ser indicada por R quando se tratar de rocha inalterada. A seguir, são descritos os horizontes minerais e orgânicos:

- *Horizonte hístico*: horizonte ou camada, superficial ou não, de constituição orgânica. Se for derivado de condição de prolongada estagnação de água, é chamado de horizonte H; em caso de um contexto de drenagem livre, recebe o nome de horizonte O.
- *Horizonte A*: horizonte mineral superficial ou em sequência à camada O ou H e que possui maior teor de matéria orgânica que o horizonte subjacente.
- *Horizonte B*: horizonte mineral formado sob um A, E ou O e em que ocorre maior expressão de processos pedogenéticos.

- *Horizonte E*: horizonte mineral caracterizado pela perda de argila, ferro, alumínio ou matéria orgânica.
- *Horizonte F*: horizonte ou camada de constituição mineral, consolidado contínuo ou que apresenta fendas sob A, E, B ou C, rico em ferro e/ou alumínio e com precipitação que forma bancadas cimentadas.

Para cada horizonte identificado, é preciso anotar sua profundidade inicial e final, o que permite conhecer sua espessura. Isso é necessário para definir a importância de alguns horizontes que possam auxiliar no diagnóstico da ordem de solo (ver as seções "Horizontes diagnósticos" e "Ordens de solos", p. 91).

Cor e mosqueado

A cor é determinada com o auxílio de uma carta de cores de solos de Munsell. Uma alternativa é utilizar a *Revised standard soil color charts* (Madl, 1998).

A cor do solo é determinada pela combinação de três propriedades: matiz (*hue*), valor (*value*) e croma (*chroma*). O matiz refere-se à cor pura, sem adição de branco ou preto. Para a classificação das cores dos solos, utilizam-se matizes que, dos mais vermelhos aos mais amarelos, são: 2,5R, 5R, 7,5R, 10R, 2,5YR, 5YR, 7,5YR, 10YR, 2,5Y e 5Y.

O *valor* relaciona-se à luminosidade da cor, isto é, a maior ou a menor presença de branco ou preto alterando o matiz. Na carta de cores de solos, oito valores são incluídos, sendo, do mais escuro ao mais claro: 1,7; 2; 3; 4; 5; 6; 7 e 8.

Por fim, o *croma* diz respeito ao grau de saturação da cor, ou seja, o grau de mistura da cor (por exemplo, vermelho) com o branco. Quanto mais misturada for a cor com o branco, maior será seu croma. O croma zero indica uma cor neutra (referida como N/). Na carta de cores de solos, o croma apresenta as seguintes classes: 1, 2, 3, 4, 6 e 8.

Para saber a cor, deve-se pegar uma pequena amostra do horizonte em questão e compará-la com a carta (Fig. 4.5). É preciso inicialmente determinar o matiz mais apropriado, em seguida o valor e, por último, o croma. Então, deve-se procurar o nome da cor na carta. Por exemplo, um horizonte com matiz 5YR, valor 6 e croma 8 é descrito como 5YR 6/8 e apresenta cor laranja.

Pode ocorrer de o horizonte de solo não possuir uma cor homogênea. Nesse caso, diz-se que a coloração é variegada ou mosqueada,

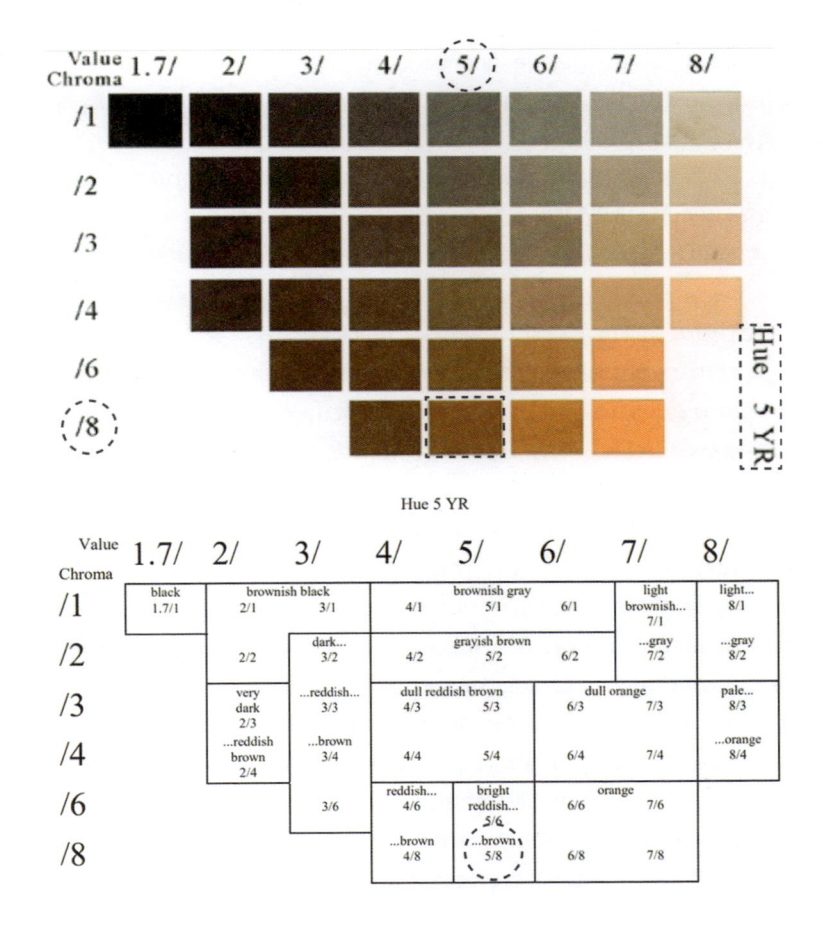

Value Chroma	1.7/	2/	3/	4/	5/	6/	7/	8/
/1	black 1.7/1	brownish black 2/1	3/1	4/1	brownish gray 5/1	6/1	light brownish... 7/1	light... 8/1
/2		2/2	dark... 3/2	4/2	grayish brown 5/2	6/2	...gray 7/2	...gray 8/2
/3		very dark 2/3	...reddish... 3/3	dull reddish brown 4/3	5/3	dull orange 6/3	7/3	pale... 8/3
/4		...reddish brown 2/4	...brown 3/4	4/4	5/4	6/4	7/4	...orange 8/4
/6			3/6	reddish... 4/6	bright reddish... 5/6	orange 6/6	7/6	
/8				...brown 4/8	...brown 5/8	6/8	7/8	

Fig. 4.5 Leitura da carta de cores de solos
Fonte: Madl (1988).

sendo necessário determinar a cor principal (de fundo) e a cor do mosqueado.

Os mosqueados são classificados em *poucos* (P), quando ocupam menos de 2% do horizonte, *comuns* (C), quando ocupam entre 2% e 20% do horizonte, e *abundantes* (A), quando ocupam mais de 20% do horizonte. Além disso, também são classificados, de acordo com o tamanho do eixo maior, em *pequenos* (P), quando for inferior a 5 mm, *médios* (M), quando entre 5 mm e 15 mm, e *grandes* (G), quando superior a 15 mm, e, de acordo com o contraste, em *difusos* (D), quando de difícil visualização, e *distintos* (F), quando de fácil visualização (IBGE, 2007).

Por exemplo, um horizonte possuindo cor de fundo 7,5YR 7/6 e mosqueados APF 10R 5/6 apresenta cor amarelo-avermelhada e mosqueado vermelho abundante, pequeno e de fácil visualização.

Textura

A textura é um atributo morfológico do substrato determinado pelo percentual de areia, silte e argila (Fig. 4.6). Vale lembrar que o material com diâmetro menor que 0,002 mm é denominado argila; de 0,002 mm a 0,02 mm, silte; de 0,02 mm a 0,2 mm, areia fina; de 0,2 mm a 2 mm, areia grossa; e acima de 2 mm, cascalho.

No campo, a textura é obtida por meio do umedecimento e da modelagem manual de uma amostra de terra umedecida até formar uma massa homogênea, sem excesso de água (Santos et al., 2005). Passada entre os dedos polegar e indicador, essa amostra umedecida pode dar a sensação de aspereza, sedosidade (maciez) ou pegajosidade, que são geralmente associadas à presença de areia, silte e argila, respectivamente (et Santos al., 2005).

Há vários métodos para determinar a textura no campo, sendo o mais comum o proposto por Thien (1979), que estabeleceu um fluxograma para a identificação da textura por meio da análise das sensações (Fig. 4.7).

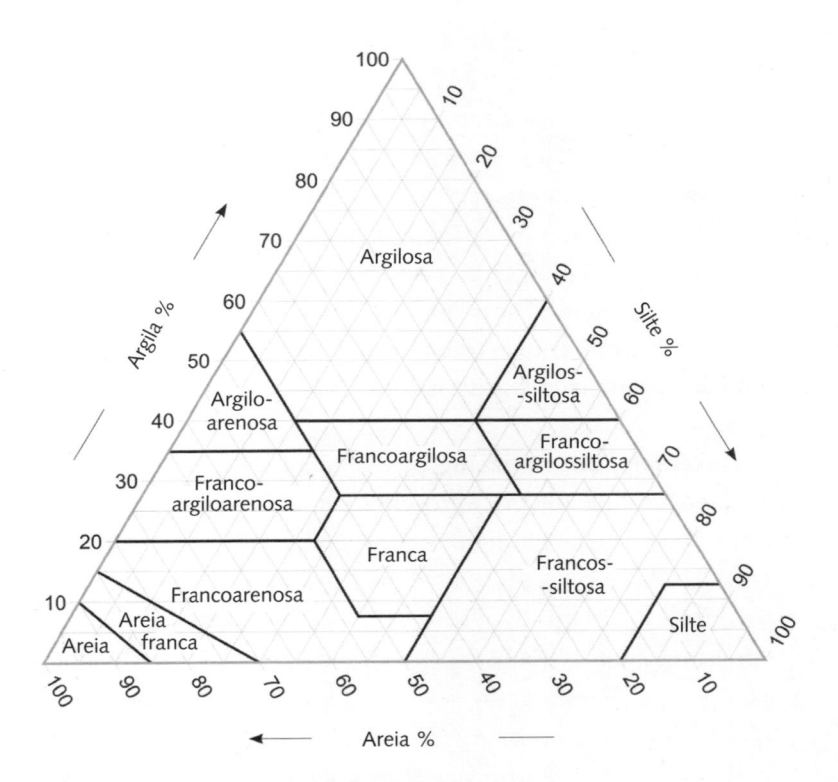

Fig. 4.6 Triângulo da determinação textural
Fonte: baseado em Thien (1979).

Estrutura

Corresponde ao arranjo das partículas do solo, as quais, quando agregadas, apresentam superfícies de fraqueza que permitem identificar padrões estruturais distintos (Fig. 4.8). Em campo, descreve-se a macroestrutura do solo, que pode apresentar os seguintes tipos: grãos simples, maciça, granular, laminar, blocos, prismática e cuneiforme (IBGE, 2007).

As estruturas sem agregação das partículas incluem dois tipos:

- *Grãos simples:* é possível observar as partículas de sedimento individualizadas, sem coesão entre si. É muito comum em horizontes e camadas predominantemente arenosos.

88 cartografia de paisagens

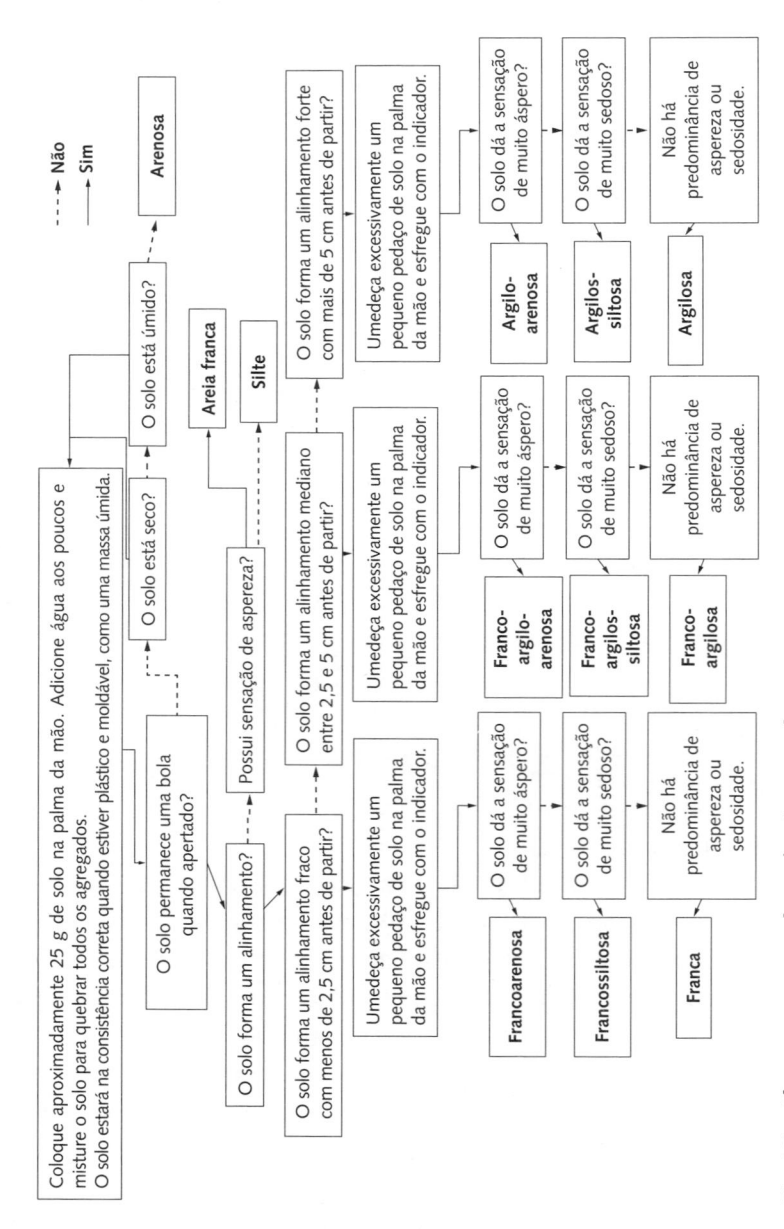

Fig. 4.7 *Fluxograma para a determinação textural*
Fonte: Thien (1979).

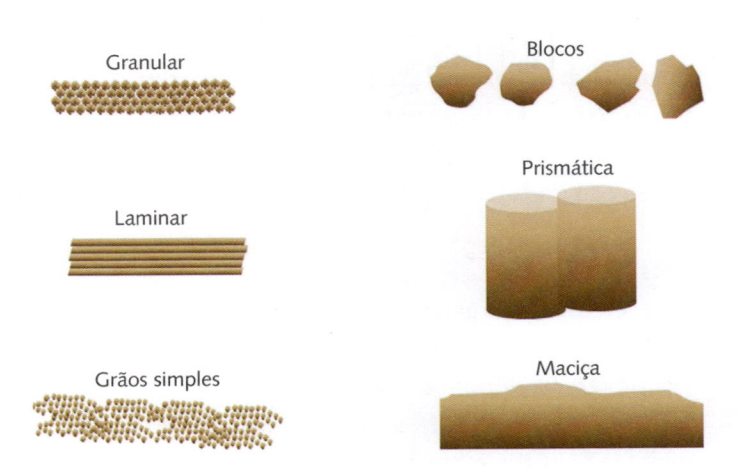

Fig. 4.8 Estrutura dos solos

- *Maciça:* não é possível individualizar as partículas do solo. O horizonte/camada se apresenta como uma massa, sem um padrão de descontinuidade característico.

Já estruturas com agregação de partículas incluem os tipos:

- *Granular:* as partículas formam pequenos agregados arredondados.
- *Laminar:* as partículas do solo formam lâminas horizontais, muitas vezes com coloração diferente e até intercalada. A espessura das lâminas pode variar.
- *Blocos:* as partículas do solo agregam-se como polígonos mais ou menos regulares, que podem possuir faces planas (blocos angulares) ou uma mistura de faces planas e arredondadas (blocos subangulares). Uma característica importante da estrutura em blocos é que seus eixos possuem um tamanho aproximado.
- *Prismática:* diferentemente da estrutura em blocos, a estrutura prismática apresenta um de seus eixos maior que os demais, criando um aspecto alongado. Quando apresenta faces planas (angulosas), é denominada prismática. Caso apresente faces arredondadas (abauladas), é chamada de colunar.

- *Cuneiforme:* trata-se de uma agregação de partículas formando um padrão horizontal a sub-horizontal, com extremidades lembrando cunhas (cuneiformes) ou retangulares (paralelepipédicas). É muito comum estarem separadas por superfícies de fricção (*slickensides*), características de argilas expansivas.

Outros elementos

Outros elementos relevantes para a descrição primária dos solos em campo incluem:

- *Plintita (P)* e *petroplintita (Pp):* é uma mistura de argila rica em ferro e pobre em húmus, geralmente com ferro e alumínio, quartzo e outros materiais, que se forma pela segregação do ferro em ambiente redutor. Quando seca, pode ser separada da matriz do solo, possuindo cerca de 2 mm de diâmetro, e pode ser quebrada com a mão. As cores da plintita variam de matizes entre 10YR e 7,5YR. A petroplintita surge por ressecamento acentuado e configura concreções ferruginosas extremamente duras que não podem ser quebradas com a mão.
- *Cerosidade (C):* essa característica faz com que os solos apresentem superfícies brilhantes ou com aspecto de cera de vela (brilho graxo). Forma-se pelo preenchimento dos poros do solo por material inorgânico. Geralmente é mais bem visualizada com o auxílio de uma lupa com aumento de 10x.
- *Fraturas (F) e slickensides (S):* a presença de fraturas e superfícies de fricção (slickensides) indica a ocorrência de argilas de atividade alta. Enquanto fraturas são rachaduras no solo, as superfícies de fricção configuram superfícies lisas e lustrosas, na maioria das vezes apresentando estriamento.
- *Estrutura da rocha matriz (R):* consiste em avaliar a presença ou a ausência da estrutura original da rocha, e, caso ela ocorra, qual seu percentual no horizonte observado. São sugeridas três classes: até 5%, de 5% a 50% e > 50%.

- Minerais primários alteráveis (MPA): trata-se de observar a presença ou a ausência de minerais que se intemperizam mais rapidamente, o que pode indicar o grau de desenvolvimento do horizonte. Bons indicadores são a mica e o feldspato, muito abundantes na crosta. São sugeridas duas classes: < 4% e ≥ 4%.

Horizontes diagnósticos

Depois de descrever cada horizonte, é preciso classificar cada um deles, buscando identificar os horizontes diagnósticos (Quadro 4.2). Um horizonte diagnóstico é aquele utilizado na classificação das ordens de solos do Sistema Brasileiro de Classificação de Solos (SiBCS).

Ordens de solos

Após a descrição dos atributos, pode-se tentar indicar a ordem do solo conforme o SiBCS (Quadro 4.3).

4.3 Apropriação cultural

Como já foi dito, o enfoque fisionômico é fundamental à cartografia das paisagens. Quanto à apropriação cultural, o ponto mais relevante de expressão fisionômica é o resultado do uso da terra. Nesse sentido, é importante registrar usos presentes e/ou suas evidências – mineração, desmatamento, queimadas, pecuária, agricultura etc. –, bem como suas características – tipo de pecuária, tipo de cultivo e assim por diante.

Neste capítulo, foram apresentados alguns dos principais descritores das paisagens para uso em campo. Foi possível aprender que:

- diferentes ambientes possuem diferentes demandas para fins de inventário e cartografia das paisagens;
- as camadas da paisagem (potencial natural, atividade biológica e apropriação cultural) constituem a base para a descrição;

- os objetivos do trabalho determinam o protocolo e os critérios de descrição.

Quadro 4.3 Chave para a identificação das ordens de solos

1. Horizonte H com mais de 40 cm de espessura?	Sim: Organossolo Não: ver passo 2
2. Não tem horizonte B, glei, plíntico ou vértico?	Sim: Neossolo Não: ver passo 3
3. Não tem horizonte B textural e possui horizonte vértico entre 25 cm e 100 cm de profundidade?	Sim: Vertissolo Não: ver passo 4
4. B espódico abaixo de A ou E?	Sim: Espodossolo Não: ver passo 5
5. Horizonte B plânico logo abaixo de A ou E?	Sim: Planossolo Não: ver passo 6
6. Horizonte glei logo abaixo de A ou E ou horizonte hístico com menos de 40 cm de espessura?	Sim: Gleissolo Não: ver passo 7
7. Horizonte B latossólico logo abaixo de horizonte A?	Sim: Latossolo Não: ver passo 8
8. Horizonte A chernozêmico seguido de B textural ou incipiente, todos com argila de atividade alta e elevada saturação por bases?	Sim: Chernossolo Não: ver passo 9
9. Horizonte B incipiente logo abaixo de A (ou hístico com menos de 40 cm de espessura)?	Sim: Cambissolo Não: ver passo 10
10. Horizonte plíntico, litoplíntico ou concrecionário dentro de 40 cm (ou 200 cm, se precedido de horizonte glei)?	Sim: Plintossolo Não: ver passo 11
11. B textural com argila de atividade alta e saturação por bases alta logo abaixo de A ou E?	Sim: Luvissolo Não: ver passo 12
12. Horizonte A com mais de 35% de argila (textura argilosa) seguido de B nítico com argila de atividade baixa?	Sim: Nitossolo Não: ver passo 13
13. B textural e argila de atividade baixa?	Sim: Argissolo Não: observar melhor seus horizontes e voltar à etapa 1

Referências bibliográficas

ABALAKOV, A. D.; SEDYKH, S. A. Regional-typological study and mapping of geosystems: analysis of the implementation. *Geography and Natural Resources*, v. 31, p. 317-323, 2010.

AB'SÁBER, A. N. Ecossistemas continentais do Brasil. In: OLIVEIRA, E. M.; KACOWICZ, Z. (Coord). *Relatório da qualidade do meio ambiente*. Sinopse. Brasília-DF: Sema, 1984. p. 171-218.

AB'SÁBER, A. N. Zoneamento ecológico e econômico da Amazônia: questões de escala e método. *Estudos Avançados*, v. 3, p. 4-20, 1989.

AB'SÁBER, A. N. *Os domínios de natureza no Brasil*: potencialidades paisagísticas. São Paulo: Ateliê Editorial, 2003. 159 p.

AB'SÁBER, A. N. *Ecossistemas do Brasil*. São Paulo: Metalivros, 2006. 300 p.

ANDERSON, P. S. (Coord.). *Fundamentos para fotointerpretação*. Rio de Janeiro: Sociedade Brasileira de Cartografia, 1982. 148 p.

ANDERSON, P. S.; VERSTAPPEN, H. T. Aspectos básicos da fotointerpretação. In: ANDERSON, P. S. (Coord.). *Fundamentos para fotointerpretação*. Rio de Janeiro: Sociedade Brasileira de Cartografia, 1982. p. 41-54.

ANTROP, M. Geography and landscape science. *Belgeo*, special issue (29th International Geographical Congress), p. 9-36, 2000.

BARROS, N. C. C. Quatro comentários sobre paisagem e região. In: SÁ, A. J.; CORRÊA, A. C. (Org.). *Regionalização e análise regional*: perspectivas e abordagens contemporâneas. 1. ed. Recife: Editora Universitária da UFPE, 2006. p. 23-32.

BERTRAND, G. Paysage et géographie physique globale: esquisse méthodologique. *Revue géographique des Pyrénées et du Sud-Ouest*, v. 39, fasc. 3, p. 249-272, 1968.

BERTRAND, G. Paisagem e geografia física global: um esboço metodológico. *Caderno de Ciências da Terra*, IG-USP, São Paulo, n. 13, 1972. 27 p.

BERUCHASHVILI, N. L. *Etologia da paisagem e cartografia dos estados do meio natural*. Tbilisi: Editora da Universidade de Tbilisi, 1989. 196 p. Em russo.

BESSE, J. M. *Ver a Terra*: seis ensaios sobre a paisagem e a geografia. São Paulo: Perspectiva, 2006. 108 p.

CAVALCANTI, L. C. S. *Geossistemas do Estado de Alagoas*: uma contribuição aos estudos da natureza em geografia. 132 f. Dissertação (Mestrado em Geografia) – Universidade Federal de Pernambuco, Recife, 2010.

CAVALCANTI, L. C. S. *Da descrição de áreas à teoria dos geossistemas*: uma abordagem epistemológica sobre sínteses naturalistas. 217 f. Tese (Doutorado em Geografia) – Universidade Federal de Pernambuco, Recife, 2013.

CAVALCANTI, L. C. S. Geossistemas do semiárido brasileiro: considerações iniciais. *Caderno de Geografia*, PUC-Minas, v. 26, n. 2 (especial), p. 214-228, 2016.

CAVALCANTI, L. C. S.; CORRÊA, A. C. B.; ARAÚJO FILHO, J. C. Fundamentos para o mapeamento de geossistemas: uma atualização conceitual. *Geografia*, Rio Claro, v. 35, p. 539-551, 2010.

CAVALCANTI, L. C. S.; LIRA, D. R.; CORRÊA, A. C. B. Tipologia de geoformas para cartografia de detalhe no Semiárido Brasileiro. In: SIMPÓSIO NACIONAL DE GEOMORFOLOGIA, 11., Maringá-PR, 2016.

CREPANI, E.; MEDEIROS, J. S. de; HERNANDEZ FILHO, P.; FLORENZANO, T. G.; DUARTE, V.; BARBOSA, C. C. F. *Sensoriamento remoto e geoprocessamento aplicados ao zoneamento ecológico econômico e ao ordenamento territorial*. São José dos Campos, 2001. 124 p.

FELFILI, J.M.; EISENLOHR, P.V.; MELO, M.M.R.F.; ANDRADE, L.A.; MEIRA NETO, J.A.A. *Fitossociologia no Brasil*: métodos e estudos de casos. Viçosa: Editora UFV. 2011. v. 1.

GUERRA, S. M. S. Base de dados geoambientais da bacia hidrográfica do rio Moxotó - PE, versão 1.1. *Programa Hidrogeologia do Brasil*. Sub-programa de estudos e avaliação do potencial hidrogeológico. Projeto de definição de critérios de programas de água subterrânea no cristalino semiárido do Nordeste do Brasil. Recife, 2004.

IBGE - INSTITUTO BRASILEIRO DE GEOGRAFIA E ESTATÍSTICA. *Manual técnico de pedologia*. 2. ed. Rio de Janeiro, 2007. 316 p.

IBGE – INSTITUTO BRASILEIRO DE GEOGRAFIA E ESTATÍSTICA. *Manual técnico de Geomorfologia*. 2. ed. Rio de Janeiro, 2009. 175 p.

ISACHENKO, A. G. *Principles of landscape science and physical geographic regionalization*. Melbourne, 1973. 311 p.

ISACHENKO, A. G. *Ciência da paisagem e regionalização físico-geográfica*. Moscou: Vysshaya Shkola, 1991. 370 p. Em russo.

ISACHENKO, G. A. *Métodos de investigação da paisagem em campo e cartografia geoecológica*. São Petersburgo: Universidade Estatal de São Petersburgo, 1998. 112 p. Em russo.

KLEINER, K. What we gave up for colour vision. *New Scientist*, p. 12, Jan. 24, 2004.

LEONG, J. Number of colors distinguishable by the human eye. *The Physics Factbook:* an encyclopedia of scientific essays, 2006.

LEPSCH, I. F. *19 lições de Pedologia*. São Paulo: Oficina de Textos, 2011. 456 p.

MACIEL, C. A. A. A caatinga enquanto espaço identitário: geografia e patrimonialização da natureza no Brasil. In: SÁ, A. J.; FARIAS, P. S. C. (Org.). *Ética, identidade e território*. Recife: CCS, 2012. p. 101-127.

MADL, P. *Revised standard soil color charts*. 1998. 13 p. Disponível em: <http://biophysics.sbg.ac.at/protocol/soilchart.pdf>.

MENEZES, S. O. *Minerais comuns e de importância econômica:* um manual fácil. São Paulo: Oficina de Textos, 2012.

MENEZES, S. O. *Rochas:* manual fácil de estudo e classificação. São Paulo: Oficina de Textos, 2013.

MIRANDA, E. E.; GOMES, E. G.; GUIMARÃES, M. Mapeamento e estimativa da área urbanizada do Brasil com base em imagens orbitais e modelos estatísticos. In: SIMPÓSIO BRASILEIRO DE SENSORIAMENTO REMOTO, 12., 2005, Goiânia. *Anais...* São José dos Campos: INPE, 2005. p. 3813-3820.

MONTEIRO, C. A. F. *Geossistemas:* a história de uma procura. São Paulo: Contexto; GeoUSP, 2000. 127 p. (Novas Abordagens, 3).

MORO, M. F.; MARTINS, F. R. Métodos de levantamento do componente arbóreo-arbustivo. In: FELFILI, J. M.; EISENLOHR, P. V.; MELO, M. M. R. F.; ANDRADE, L. A.; MEIRA NETO, J. A. A. *Fitossociologia no Brasil:* métodos e estudos de casos. Viçosa: Editora UFV, 2011. v. 1, p. 174-212.

MUELLER-DOMBOIS, D.; ELLENBERG, H. *Aims and methods of vegetation ecology*. New York: Wiley, 1974. 547 p.

NASCIMENTO, L. R. S. L. *Dinâmica vegetacional e climática holocênica da Caatinga, na região do Parque Nacional do Catimbau*. Dissertação (Mestrado em Geociências) – Universidade Federal de Pernambuco, Recife, 2008. 137 f.

OLIVEIRA-FILHO, A. T. Um sistema de classificação fisionômico-ecológico da vegetação Neotropical: segunda aproximação. In: EISENLOHR, P. V.; FELFILI, J. M.; MELO, M. M. R. F.; ANDRADE, L. A.; MEIRA NETO, J. A. A. *Fitossociologia no Brasil:* métodos e estudos de caso. Viçosa: Editora UFV, 2015. v. 2, p. 452-473.

PODANI, J. Braun-Blanquet's legacy and data analysis in vegetation science. *Journal of Vegetation Science*, v. 17, fasc. 1, p. 113-117, 2006.

RODRIGUEZ, J. M. M.; SILVA, E. V.; CAVALCANTI, A. P. B. Geoecologia das paisagens: uma visão geossistêmica da análise ambiental. 2. ed. Fortaleza: Edições UFC, 2004. 222 p.

SANTOS, M. Metamorfoses do espaço habitado: fundamentos teóricos e metodológicos da geografia. 6. ed. São Paulo: Edusp, 2008. 136 p.

SANTOS, R. D.; LEMOS, R. C.; SANTOS, H. G.; KER, J. C.; ANJOS, L. H. C. Manual de descrição e coleta de solo no campo. 5. ed. Viçosa: Sociedade Brasileira de Ciência do Solo, 2005. 100 p.

SAUER, C. O. The morphology of landscape. In: WIENS, J. A.; MOSS, M. R.; TURNER, M. G.; MLADENOFF, D. J. Foundation papers in landscape ecology. New York: Columbia University Press, 2006. p. 36-70.

SKALICKY, S. E. Color vision. In: SKALICKY, S. E. (Org.). Ocular and visual physiology: clinical application. Singapore: Springer, 2016. p. 343-353.

SOCHAVA, V. B. O estudo de geossistemas. Métodos em questão, IG-USP, São Paulo, n. 16, 1977. 51 p.

THIEN, S. J. A flow diagram for teaching texture by feel analysis. Journal of Agronomic Education, n. 8, p. 54-55, 1979.

TRICART, J. F. L. Ecodinâmica. Rio de Janeiro: FIBGE; Supren, 1977. 91 p.

VARENIUS, B. Geographiæ generalis: in qua affectiones generales telluris explicantur. 1712. Disponível em: <opacplus.bsb-muenchen.de/metaopac/singleHit.do?methodToCall=showHit&curPos=13&identifier=100_SOLR_SERVER_1239534662>. Acesso em: 14 set. 2013.

VELLOSO, A. L.; SAMPAIO, E. V. S. B.; PAREYN, F. G. C. (Ed.). Ecorregiões: propostas para o bioma Caatinga. Associação Plantas do Nordeste; Instituto de Conservação Ambiental The Nature Conservancy Brasil, 2001. 76 p.

WALTER, H. Vegetação e zonas climáticas: tratado de ecologia global. São Paulo: EPU, 1986. 325 p.